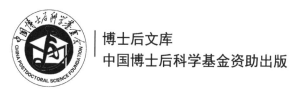

博士后文库
中国博士后科学基金资助出版

刮板输送机运载系统
力学效应分析及其耐磨策略

李 博 著

科学出版社

北 京

内 容 简 介

本书基于离散元仿真技术和试验对刮板输送机运载系统的力学效应、磨损和耐磨策略进行分析，主要内容包括：构建了煤颗粒的离散元模型和刮板输送机运载系统的刚散耦合模型，着重探索了刮板输送机运载系统的受力特征及磨损效应，包括煤散料的分布特征、散料压缩力的分布特征、煤散料对主要部件的载荷特征以及复杂工况下典型的接触力学效应；结合以上研究成果和 ASP.NET 技术实现了网络平台在线选择中板材料的策略；为降低运载系统中的磨损力学效应，根据仿生原理优化设计了凹坑形仿生耐磨中板，并对其耐磨机理进行了研究。

本书可作为高等院校机械工程专业科研人员、煤机装备设计人员以及与散料运输相关的工程技术人员的参考用书。

图书在版编目（CIP）数据

刮板输送机运载系统力学效应分析及其耐磨策略/李博著. —北京：科学出版社，2022.6

（博士后文库）

ISBN 978-7-03-072459-5

Ⅰ. ①刮⋯ Ⅱ. ①李⋯ Ⅲ. ①刮板输送机–动力学系统–研究 Ⅳ. ①TH227

中国版本图书馆 CIP 数据核字（2022）第 097641 号

责任编辑：刘宝莉 陈 婕 乔丽维 / 责任校对：崔向琳
责任印制：吴兆东 / 封面设计：蓝正设计

科学出版社 出版
北京东黄城根北街 16 号
邮政编码：100717
http://www.sciencep.com

北京凌奇印刷有限责任公司 印刷
科学出版社发行 各地新华书店经销

*

2022 年 6 月第 一 版 开本：720×1000 B5
2023 年 6 月第二次印刷 印张：13 3/4
字数：275 000
定价：**98.00 元**
（如有印装质量问题，我社负责调换）

"博士后文库"编委会

"博士后文库"序言

1985 年，在李政道先生的倡议和邓小平同志的亲自关怀下，我国建立了博士后制度，同时设立了博士后科学基金。30 多年来，在党和国家的高度重视下，在社会各方面的关心和支持下，博士后制度为我国培养了一大批青年高层次创新人才。在这一过程中，博士后科学基金发挥了不可替代的独特作用。

博士后科学基金是中国特色博士后制度的重要组成部分，专门用于资助博士后研究人员开展创新探索。博士后科学基金的资助，对正处于独立科研生涯起步阶段的博士后研究人员来说，适逢其时，有利于培养他们独立的科研人格、在选题方面的竞争意识以及负责的精神，是他们独立从事科研工作的"第一桶金"。尽管博士后科学基金资助金额不大，但对博士后青年创新人才的培养和激励作用不可估量。四两拨千斤，博士后科学基金有效地推动了博士后研究人员迅速成长为高水平的研究人才，"小基金发挥了大作用"。

在博士后科学基金的资助下，博士后研究人员的优秀学术成果不断涌现。2013 年，为提高博士后科学基金的资助效益，中国博士后科学基金会联合科学出版社开展了博士后优秀学术专著出版资助工作，通过专家评审遴选出优秀的博士后学术著作，收入"博士后文库"，由博士后科学基金资助、科学出版社出版。我们希望，借此打造专属于博士后学术创新的旗舰图书品牌，激励博士后研究人员潜心科研，扎实治学，提升博士后优秀学术成果的社会影响力。

2015 年，国务院办公厅印发了《关于改革完善博士后制度的意见》(国办发〔2015〕87 号)，将"实施自然科学、人文社会科学优秀博士后论著出版支持计划"作为"十三五"期间博士后工作的重要内容和提升博士后研究人员培养质量的重要手段，这更加凸显了出版资助工作的意义。我相信，我们提供的这个出版资助平台将对博士后研究人员激发创新智慧、凝聚创新力量发挥独特的作用，促使博士后研究人员的创新成果更好地服务于创新驱动发展战略和创新型国家的建设。

祝愿广大博士后研究人员在博士后科学基金的资助下早日成长为栋梁之才，为实现中华民族伟大复兴的中国梦做出更大的贡献。

中国博士后科学基金会理事长

前　　言

　　现阶段，煤炭仍为我国主要的消耗能源。为了更高效和安全地开采煤矿，我国对采矿装备的性能指标提出了更高的要求。作为"三机"之一的刮板输送机，其工作环境十分复杂，导致井下采集其工作数据十分困难和危险，井上试验又难以模拟出实际工作中"三机配套"协同的过程。随着计算机辅助设计方法的成熟，国内外研究者将此技术应用于刮板输送机的研究，并取得不错的成果。

　　刮板输送机的运载系统包含刚体机械机和煤散料。为了更可靠地对输送机进行模拟研究，需要融合多种模拟仿真分析方法，通过复杂搬运条件下的仿真结果对输送机关键部件进行优化设计，最终达到降低成本、提高效益的目的。本书采用离散元法和多体动力学仿真技术对以上问题进行分析，主要研究内容及结论如下：

　　(1) 根据离散元法的基本理论和煤颗粒接触模型，对每个参数的测定方法进行详细讨论。通过 Plackett-Burman 试验与单因素试验分析煤颗粒接触参数对散料流动性的影响效应，得到试验变量对堆积角的影响水平规律：颗粒间摩擦系数的影响水平高于颗粒与刚体间摩擦系数的影响水平，并且滚动摩擦系数的影响水平小于静摩擦系数的影响水平，其余变量的影响可忽略不计。

　　(2) 对干煤散料颗粒模型和含水率分别为10%、15%的湿煤散料颗粒模型参数进行标定，研究含水率对煤-煤恢复系数、煤-钢恢复系数、煤-钢静摩擦系数和煤散料堆积角的影响规律，并通过漏斗试验与设计的滑板试验对所得参数进行验证。结果表明，标定所得的参数具有较高的可靠性。针对煤颗粒间表面能随粒径变化的规律做了进一步研究，发现两种粒径的表面能之比等于粒径的反比，且在多种粒径混合时，煤颗粒间表面能是由各混合粒径表面能按其质量占比线性叠加。

　　(3) 对刮板输送机运载系统的模型进行验证。基于验证后的模型，对上下山工况、中部槽沿推移方向倾斜工况、不同运量工况和槽帮局部堆积工况四种工况下的煤散料在中部槽中的分布、煤散料的压缩力分布和主要部件的受力特征进行研究分析。主要结论有：煤散料的分布呈现间歇堆状式；煤散料压缩力在槽帮内的分布存在显著的梯度；下山角度越大，装载煤散料越多；中部槽沿推移方向倾角越大，槽帮两侧煤散料分布越不均匀；运量较大时，煤散料沿逆运输方向在槽帮中的分布逐渐增多；当煤散料堆积量较大时，中部槽的运输能力有限，质量流率上升到一定值便不再增加；当堆积量较小时，煤散料质量流率曲线在未达到中部槽最大运载能力时便逐渐减小；煤散料对中板的载荷呈现锯齿状周期性变化等。

(4) 基于现有的接触力学理论对煤散料与中部槽接触时的接触形式及接触力效应进行分析，发现煤散料与中部槽间的接触分布是以滑动为主、滚动为辅。通过单因素磨粒磨损试验，研究煤种、粒度、含水率、含矸率对磨损量的影响；基于磨粒磨损试验机进行正交试验，研究颗粒属性和外部工况与磨损状况间的关系，发现煤散料的含水率、含矸率和压力的影响水平较高。最后对中板磨损进行耦合研究，发现中部槽的磨损主要是由三体磨损造成的。

(5) 介绍中部槽中板材料评价指标体系建立时所依据的原则和方法，包括目标性原则、综合性和整体性原则、可操作性原则、重要性原则以及定量性原则，通过对比单指标分析法、综合评价指数法、百分制法、层次分析法、模糊数学综合评价法和模糊层次分析法等方法各自的优缺点，决定采用基于模糊一致矩阵的模糊层次分析法用于中部槽中板材料的选择。将刮板输送机中常用的六种板利用模糊层次分析法进行整体评分。最后利用 ASP.NET 技术搭建网络选择平台。

(6) 基于仿生技术原理确定本书所选择的凹坑形仿生板，并借助聚焦形貌恢复技术和 MATLAB 软件对其进行多种处理。通过优化设计试验，确定和验证了凹坑形仿生板的最优耐磨结构参数，结果表明，当深径比为 1.41、直径为 0.69mm、节距角为 6.55°和径向距离为 4.66mm 时，磨损量最低；与光滑板相比，耐磨性提高了 12.6%。最后对比仿生板与光滑板的磨损形貌及力学特性，分析得到仿生板的耐磨机理。相比于光滑板表面严重的磨粒磨损及黏着磨损，凹坑形中板表面发生不同程度的磨粒磨损，有较多的犁沟，且退出凹坑处有频繁的煤颗粒姿态的改变；仿生板试验中上试样(刮板)所受阻力和中板所受压力的最大值均小于光滑板试验。

本书主要介绍作者在刮板输送机运载系统力学效应分析及其耐磨策略方面的一些研究经验，总结作者在该领域中所取得的最新研究成果，期望为从事该方面研究的学者以及研究生提供参考。

借本书出版之际，作者要特别感谢中国博士后科学基金对本书的资助，感谢太原重型机械(集团)有限公司提供的科研项目"刮板输送机与煤散料相互作用机理及其中部槽结构优化设计"，感谢山西煤矿机械制造股份有限公司为刮板输送机的研究提供了良好的试验条件。同时，感谢我的博士后合作导师杨兆建教授及席庆祥高级工程师的悉心指导，感谢王学文教授对本书提供的帮助，感谢国家自然科学基金资助项目(51804207、51875386)对本书相关研究的支持。

由于作者的知识水平有限，书中难免有不妥之处，恳请读者批评指正。

目　　录

第1章 绪　　论

1.1　研　究　背　景

　　煤炭作为我国的主体能源之一,其地位在未来很长一段时期内都难以被取代,采煤工业需要满足自动化、大型化、智能化和高效化的要求。刮板输送机是现代化煤炭开采中必不可少的机械设备之一,但是由于恶劣的工作环境和复杂的搬运工况,刮板输送机故障频发,严重降低了煤矿的开采效率,因此对刮板输送机进行研究和优化设计具有重要意义。

　　刮板输送机的主要结构如图 1.1 所示,其主要部件包括机头、机尾、中部槽、刮板、链条、挡煤板等。刮板输送机属于连续运输机械,其链组在头尾链轮的带动作用下推动煤散料在中部槽中运输,其链传动中的动力学特性和力学效应决定着其机械性能和输送效率。刮板输送机稳定的机械性能和高效的输送效率是提高煤矿生产安全和经济效益的重要保障。就目前国内煤矿来看,刮板输送机的相关理论和关键技术还不够完善,各种故障不断发生,严重威胁着工作人员的安全。刮板链组故障是输送过程中最常见的故障之一,包括断链、卡链、飘链等,其中断链和卡链故障严重阻碍刮板输送机的输送效率。中部槽作为煤散料和刮板链组

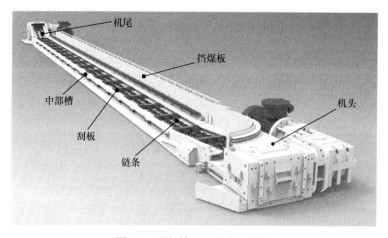

图 1.1　刮板输送机的主要结构

的主要承载和输送部件，通常因过度磨损而发生故障。数据显示，我国每年因磨损而报废的中部槽数量达 30 万～40 万节，钢材成本消耗 1.26 亿～1.68 亿元[1]，再加上停机导致的经济损失等可达数亿元。其他部件如电动机、减速器和液力耦合器等一旦发生故障将直接导致刮板输送机失去动力。

刮板输送机工作环境极为恶劣，研究人员很难在保证安全的前提下在井下对刮板输送机工作数据进行采集，而且刮板输送机的体积庞大，井下的三机协同运行过程很难通过井上试验模拟。随着计算机仿真技术的发展，计算机辅助设计方法被广泛应用于解决以上问题。本书所研究的刮板输送机运载系统包含刚体机械(刮板链组、中部槽，即刮板输送机上承担运输、承载功能的中间段)和煤散料，其中煤散料是一种典型的离散元系统。为了提高模拟仿真的可靠性，将多种仿真技术进行耦合，如离散元法(discrete element method，DEM)、有限元法(finite element method，FEM)和多体动力学(multi-body dynamics，MBD)仿真。

为获取与井下环境更符合的刮板输送机工作数据，需要在模拟仿真中设置其复杂的搬运工况。由于受到井下地质环境的影响，刮板输送机工况较为复杂，包括上下山工况、中部槽沿推移方向倾斜工况和槽帮局部堆积工况等，分析不同工况下运载系统的力学效应，可对刮板输送机优化设计提供数据支撑。

通过建立与优化煤颗粒离散元模型和刮板输送机模型，可提高模拟仿真的准确性。通过研究复杂工况下运载系统的受力特征和接触力学效应，可为刮板输送机优化设计提供理论基础。通过中板磨损仿真与试验研究磨损机理和规律，提出中板选材策略和仿生耐磨策略，可降低经济和时间成本，提高经济效益。

1.2　刮板输送机力学效应研究现状

1.2.1　刮板输送机接触力学

刮板输送机工作状态下的接触力学效应非常复杂，主要包含刚体与刚体的接触、刚体与散体的接触、散体与散体的接触。其中刚体与刚体的接触又分为链轮与链环的接触、中部槽与刮板链的接触、链环与链环间的接触。刮板输送机接触力学的研究对优化刮板输送机和预防故障具有重大作用。目前研究大部分着重于链轮与链环间的接触、链环与链环间的接触。曾庆良等[2]建立了刮板输送机链传动系统的参数化有限元模型，分析了不同转速下链轮和链条的动力学特性，发现有较大的接触力存在于链窝底部，且链环与链轮啮合过程中存在接触滑移。焦宏章等[3]利用瞬态动力学分析软件 MSC.Dytran 探究了卡链过程中链轮与圆环链之间的接触动力学特性，发现随着链轮与圆环链"冲击-反弹"，最大应变在 0.06s 内经历了 4 次"小—大—小"的周期性变化，且应变峰值随循环次数的增加逐渐降低。王学文等[4]建立了链传动系统的刚柔耦合动力学分析模型与接触计算模型，研究发现，负荷启动会使圆环链与链轮之间产生较大的冲击应力与荷载变形，尤其在链环间接触处、链环直臂到弯臂过渡部分以及链轮齿根与链窝处变形较大，且有应力集中现象，需对链环节距、啮合间隙与链窝结构进行优化设计。谢苗等[5]利用链轮传动系统中链轮和链环啮合接触的有限元模型，得到接触力的特性曲线和接触力最大的位置等，为传动系统关键零部件的优化设计提供了设计理论和参数。毛君等[6]利用 LS-DYNA 软件研究了工作状态下链环与链环间、链环与链轮间的接触特性。廖昕等[7]通过对比某型号中部槽-哑铃销的非线性接触变化和力学特性，发现中部槽应力过大区域发生在弧形侧与哑铃销接触部位，该区域塑性变形严重。

1.2.2　刮板输送机动力学

刮板输送机在工作状态下涉及复杂的力学作用关系，有学者在其动力学方面开展了研究。韩德炯等[8]通过建立完整的动力学模型计算出小型刮板输送机链条张力，采用差分法求出动张力的变化曲线，通过验证，发现其结果与实际情况相符。刘英林等[9]为了解决刮板输送机顺序启动的问题，基于其所建立的动力学有限元模型，对不同工况、不同启动方式下的机头和机尾链轮与链条之间的张力、机头和机尾的平均功率进行对比和研究，为顺序启动提供了理论基础。张春芝等[10]为降低刮板链故障频率，建立了刮板输送机刚体和刚-柔耦合动力学模型，以研究其动力学特性，得到链环的疲劳特性。闫向彤等[11]通过刚柔耦合动力学仿真，发现刮板输送机链轮受到较大的冲击和应力，尤其是齿根部位。毛君等[12]基于有限元法利用 MATLAB 软件对卡链故障进行仿真分析，发现不同位置卡链时刮板链速度和张力的变化特征，通过试验验证了仿真的真实性。张东升等[13]利用有限元法构造了刮板输送机动力学微分方程，并通过仿真分析了刮板输送机在满载启动、可控启动、自由停机、制动后再启动等工况下的动力学特性，为设计大功率刮板输送机提供了理论基础和试验依据。

由以上刮板输送机力学效应研究得到的结果均为刮板输送机本身部件的动力学接触特性，而忽略了输送机与煤散料间的力学效应。

1.3　刮板输送机运载系统故障研究现状

对刮板输送机结构进行分析，刮板输送机在工作过程中容易产生的故障主要涉及刮板链组故障、中部槽故障及其他故障等，其发生概率如图 1.2 所示[14]。

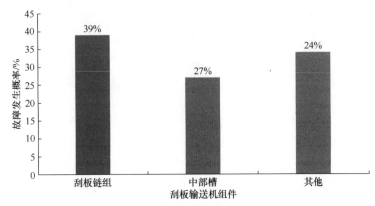

图 1.2   刮板输送机出现各种故障的概率[14]

1.3.1   刮板链组故障

刮板链组在拉动煤散料过程中受链轮的拉伸、煤散料的摩擦和冲击作用等，极易出现以下影响刮板输送机使用的故障：①卡链，中部槽对口的错位导致刮板链卡在某一位置；②断链，刮板链链环过度磨损、突然受到巨大的冲击载荷和卡链故障处理不及时都会使刮板链断裂，从而中断煤散料运输，延误生产；③飘链，刮板输送机安装不平、不直导致刮板链在煤体以上运行；④脱链，机头歪斜或刮板链张紧力不足等导致刮板链脱出链轮；⑤跳链，刮板输送机铺设不平整导致底链出槽。

刮板链组故障的类型、原因和影响十分复杂。许多研究者对刮板输送机刮板链组的故障机理和预防展开了研究。谢苗等[15]为研究卡链工况下链轮与链环啮合接触力的规律，建立了链轮链条虚拟样机模型，得到接触应力最大值及对应的位置。李隆等[16]利用 EDEM 软件研究了卡链位置对链条张力的影响，得出有载侧机头和机尾链条张力差值是无载侧的 3 倍以上，且确定出卡链最危险的位置为有载侧机头处。谢春雪等[17]对单侧卡链工况下刮板链条体系扭摆振动特性进行了探索和研究，结果表明，刮板链条体系强烈扭摆振动的主要原因是卡链，前后无物料的扭摆振动比前后均有物料情况更为剧烈。叶平等[18]采用表面波电磁声技术成功研制出电磁声探伤装置和电磁声传感器，为运动状态下圆环链的在线检测奠定了理论和技术基础。吴孙阳等[19]针对断链故障，设计出通过检测链条的应力突变情况，即可判断某链条是否断链的检测系统。董刚等[20]提出一种基于卷积神经网络和支持向量机的声音信号识别模型，该模型具有较高的飘链识别准确性。

1.3.2   中部槽故障

中部槽故障主要涉及中板磨损失效、轨座断裂、槽帮断裂和哑铃销断裂等，其中以中板磨损失效最为常见。

为了改善中部槽易破损、成本高等问题，廖昕等[7]对某型号中部槽-哑铃销进行了极限工况下的强度非线性分析。为探索中部槽故障机理和规律，Xia 等[21]基于离散元法，预测了不同因素影响下中部槽的磨损状况，结果表明，中部槽磨损与铺设角度呈负相关，与链速、煤的硬度、尺寸、煤矸石含量呈正相关。刘泽平等[22]为得到超重型刮板输送机中部槽可靠度、最大应力的分布、疲劳寿命和可靠度，对其分别进行了静力学强度分析和可靠性分析、疲劳可靠性分析以及考虑磨损的疲劳寿命分析。王萍等[23]为了实现哑铃销断裂检测及断裂保护，建立了一个能够检测并判断哑铃销断裂状态及位置的系统，并通过支架控制器控制溜槽动作。针对中部槽易断裂的问题，许联航等[24]通过试验及有限元分析，发现其最大应力位置及 Si、Mn、Cr、P 和 Mo 等元素偏高直接影响中部槽的硬度。王鹏[25]针对重型刮板输送机轨座断裂问题，对轨座进行了强度分析，并对材质和结构进行了优化设计，极大地降低了成本。

1.3.3 其他故障

其他故障主要包含电机故障、减速器故障和液力耦合器故障。国内研究者在此方面进行了深层次的探索和研究。张彦霞[26]对刮板输送机电动机烧损原因进行了研究，并提出相应的措施以达到延长电机寿命的目的。张永强等[27]为了提高系统故障诊断的容错率，建立了基于多传感器数据融合的减速器故障诊断模型。针对某减速器齿轮轴失效问题，赵美卿等[28]通过有限元分析对其接触强度、弯曲强度及疲劳寿命进行了校准，发现其失效原因为加工缺陷。张宇[29]针对液力耦合器故障情况下难以更换和拆卸的问题，提出改进液力耦合器的措施，全面提高了工作效能。

1.4 刮板输送机磨损研究现状

1.4.1 刮板输送机磨损机理

刮板输送机磨损问题主要是其关键承载部件——中部槽的磨损问题。

研究磨损问题的根本在于磨损机理的研究。早期国内外学者结合摩擦学理论，通过观察分析中部槽磨损后的表面形貌和金相组织来判断中部槽的磨损机理。例如，赵运才等[30]建立了刮板输送机中部槽的摩擦学系统模型，由理论分析得出中部槽磨损存在多种机制，一般工况下主要是磨粒磨损和腐蚀磨损，重载工况下更易发生黏着磨损；金毓州等[31]应用 MM-200 磨损机进行了工况模拟试验，与中板的磨损形貌研究对比后发现，磨粒磨损和黏着磨损是中部槽磨损的主要机理；温欢欢等[32]实地测量了磨损报废中部槽的相关数据，发现主要磨损部位为中板链道和边沿、槽帮和上下弧顶，并且研究了中部槽磨损报废标准和过煤量的关系；张长军等[33]通过分析煤-钢摩擦系统的材料磨损机制，发现工况对钢的磨损率影响较大，圆环链带动原煤与中板进行磨损以及刮板推动原煤与槽帮进行磨损的严重程度远大于原煤直接与中部槽进行磨损；唐果宁等[34]利用扫描电子显微镜观察中部槽的磨损形貌，发现恶劣工况下的磨粒磨损主要发生在中部槽的链道区域，磨损形貌为重复碾压的条状犁沟和类似切削的磨痕，其他区域为轻微磨粒磨损；张维果等[35]通过分析煤的磨料特性以及中部槽的失效形式后得出，微观切削和塑性变形为中部槽磨料磨损的主要形式。

矿山机械磨损的试验研究主要是利用各种相同磨损机理的磨损模拟机来近似磨损时接触副的状态进行的。邵荷生等[36]将 M-200 磨损试验机进行改装后，对含碳量不同的钢进行了"三体"磨料磨损试验，发现当煤与材料的硬度比超过 0.64 时，煤相对材料便属于一种硬质磨料，犁沟—塑性变形—断裂成为主要的磨损形式。梁绍伟等[37]为了研究刮板与中部槽的摩擦机理，以不同类型的煤作为磨料，采用 MFT-4000 多功能摩擦测试仪进行试验，发现当无烟煤、焦煤、褐煤作为磨料时，磨损量依次减小。Shi 等[38]利用 MLS-225 湿砂半自由磨损试验机在煤、矸石、水不同配比和不同压力、滑动速度下模拟超重型刮板输送机的工作条件进行测试，结果表明，磨损量随着压力和滑动速度的增大而增大，随着水、煤、矸石配比的升高而减小。李博等[39]利用中部槽磨损试验探究磨损的主要影响因素，通过响应面法发现影响磨损的关键因素是散料含水率。

随着计算机离散元仿真技术的发展与应用，学者也随之在煤矿机械磨损研究领域应用该技术。蔡柳等[40]研究发现，运输煤散料时，随着刮板的推动，煤散料沿着中部槽的方向前进，同时中部槽上的煤颗粒会分层。如图 1.3 所示，从上到下依次是粒度(质量)较大的煤散料、粒度中等的煤散料、粒度较小的煤散料。陈祖向等[41]借助 EDEM 软件对刮板输送机中部槽进行了离散元磨损仿真，结果表明，随着刮板链速度、煤颗粒硬度及其粒度的增大，中部槽的磨损量增大，同时中部槽铺设角度也对磨损有影响。

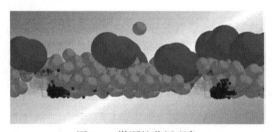

图 1.3　煤颗粒分层现象

1.4.2　刮板输送机耐磨策略

为了减少中板的磨损，降低磨损速度，目前常用的方法除采用更耐磨的材料外，还包括：直接加厚中板，这会大幅度增加成本；增强中板的硬度，但有可能减弱中部槽的抗冲击能力；耐磨堆焊及等离子熔覆技术，这是目前较为经济适用的方法。近年来，将仿生技术应用到煤矿机械设计中也取得了较好的效果。

(1) 研究和采用更耐磨的材料。梁立勋等[42]为改进中部槽金属耐磨性不足、易腐蚀和笨重的缺点，研究并使用改性 MC 尼龙中部槽替代传统中部槽，试验表明，改性 MC 尼龙中部槽相比于传统的中部槽有重量轻、寿命长且耐磨损、耐腐蚀的优点。刘白等[43]通过观察 16Mn 钢中部槽的磨损微观形貌，发现该中部槽同时发生磨粒磨损、黏着磨损、疲劳磨损和腐蚀磨损等；为改善磨损情况，将 40Mn2 中部槽与 16Mn 钢中部槽进行对比，发现 40Mn2 材料未发生黏着磨损，且磨粒磨损减少，综合耐磨性提高。杨泽生等[44]以煤泥为磨料，在改进的 M-200 摩擦磨损试验机中进行中部槽的摩擦特性试验研究，发现超高分子量聚乙烯与 16Mn 钢之间的摩擦系数低于 45 钢与 16Mn 钢之间的摩擦系数，同时超高分子量聚乙烯的强度和耐磨性高，可考虑将其作为刮板的一种替代材料。单宾周等[45]在刮板输送机的中部槽处应用刚玉陶瓷设计了新型中部槽形式，并分析其可行性，试验发现，新型中部槽耐磨性提高的同时，中板、刮板和煤间的摩擦系数降低。乔燕芳等[46]用 MMU-10G 高温端面摩擦磨损试验机对 4 种中板材料进行了试验研究，发现国产新研发的耐磨中板的干摩擦性能最好，但是耐腐蚀性差。葛世荣等[47]在试验设定工况下，对中锰钢的自强化效应进行了研究，发现中锰钢钢板耐磨性优于进口的悍达 450 钢板，且机械性能良好，这表明可考虑用中锰钢替代传统材料；他们借助 MLD-10 型冲击磨损试验机研究了采煤机耐磨钢的冲击磨料磨损性能，发现中锰奥氏体钢的抗冲击磨料磨损性能比马氏体钢更优[48]。

(2) 增强材料的硬度。王巧梅[49]以煤粉为磨料，对不同硬度和不同热处理状态的摩擦副进行了试验筛选，试验数据表明，16Mn 钢经过热轧后耐磨性最差，经淬火或回火处理后，提高了硬度并增强了耐磨性；最终总结出中部槽磨损与其本身硬度的关系：磨损率随着表面硬度的提高而降低。

(3) 应用等离子熔覆技术等。李敏等[50]利用等离子束表面冶金技术为刮板输送机中部槽增加表面复合层，通过对比发现，等离子束表面冶金涂层的耐磨性比 16Mn 提升了 3 倍多。李中军[51]提出了 3Cr13 粉芯丝材的热喷涂法，可有效提高中部槽中板的耐磨性，经试验发现，使用该方法的中部槽的使用寿命是原来的 6～9 倍。张小凤等[52]通过对中部槽耐磨堆焊技术及其工艺展开试验研究，发现断续菱形花纹焊道工艺能够提高中板的耐磨性；将该工艺应用到井下进行工业性对比试验，结果表明，耐磨堆焊中板寿命是原来的 2 倍以上。秦文光[53]在磨损后的刮板输送机中部槽上应用等离子熔覆技术，并试验测试了其中部槽的磨损性能，结果表明，等离子熔覆技术极大地提高了刮板输送机的耐磨性，能显著延长其使用寿命。

采用仿生技术设计仿生板。刘毓等[54]利用 UG 软件对刮板输送机中部槽进行建模以及仿真优化，并在 ANSYS 软件中完成接触分析，结果表明，在中部槽表面加工出凹坑形貌可有效改善其表面受力条件，减小表面的接触应力，同时这种仿生中部槽还能减少磨粒磨损、黏着磨损、疲劳磨损和冲击磨损等。Li 等[55]根据非光滑耐磨理论，通过正交试验发现凹坑具有减缓磨损的特性，并基于此进行了中部槽的仿生耐磨优化。

1.5　离散元法在散料运输方面的研究现状

1.5.1　煤岩散料离散元参数标定

通过离散元法计算接触颗粒的受力与位移，可得到散料的宏观运动规律[56,57]。基于离散元理论，仿真模拟的准确性与相互接触颗粒的材料属性和接触参数密切相关，因此对所研究颗粒的离散元参数进行标定是十分重要的。国内外学者主要通过两种方法来确定离散元参数，一是试验直接测定，二是试验-仿真相结合进行虚拟标定。

1. 试验直接测定

试验直接测定是在相关理论标准的基础上，合理设计试验来测量颗粒参数。试验测定能够量化描述材料的属性。离散元仿真需要设定的参数有材料的本征参数(泊松比、剪切模量和密度)和接触参数(恢复系数、静摩擦系数和滚动摩擦系数)。

材料本征参数基本上是固定的，一般通过试验直接测定。根据相关标准[58,59]，材料的剪切模量一般通过单轴压缩试验测量；颗粒密度采用排水法测定[60-62]。一些材料的恢复系数、静摩擦系数和滚动摩擦系数也可以通过试验测定。

1) 恢复系数测定

在离散元中，恢复系数需要考虑颗粒-几何体间恢复系数以及颗粒间恢复系数。国内外学者基于自由下落碰撞原理设计试验(图 1.4(a))对颗粒-几何体间恢复系数进行测定。根据恢复系数的含义[63]，Uchiyama 等[64]和 Ketterhagen 等[65]借助高速摄像机，测量颗粒自由下落对水平板的冲击速度与反弹速度，经过计算得到颗粒-几何体间恢复系数。Combarros 等[66]简化了试验，测量出颗粒自由下落高度与反弹高度，计算得到颗粒-几何体间恢复系数，但这种方法具有局限性，要求颗粒为球形，因为非球形颗粒与几何体碰撞后的反弹方向不一定垂直。许多学者针对这种情况改进了自由下落试验。Li 等[67]增加了一个高速摄像机(图 1.4(b))，以记录颗粒在 XOY 平面内的运动情况，但增加了成本。Hastie[68]设计了如图 1.4(c)所示的试验平台，增加一面与垂直壁面相垂直的镜子，仅用一台高速摄像机即可实现

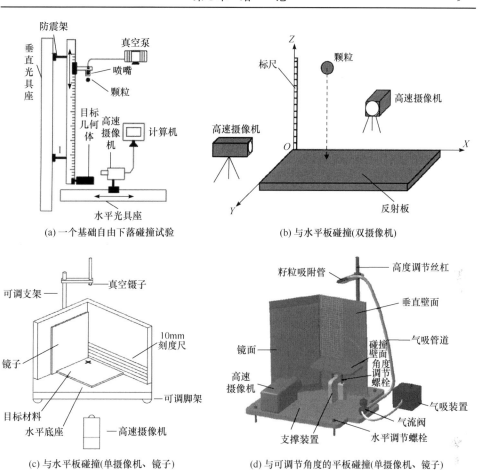

(a) 一个基础自由下落碰撞试验

(b) 与水平板碰撞(双摄像机)

(c) 与水平板碰撞(单摄像机、镜子)

(d) 与可调节角度的平板碰撞(单摄像机、镜子)

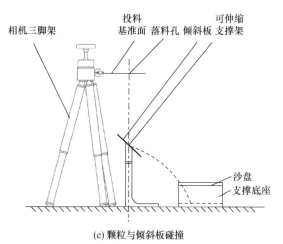

(e) 颗粒与倾斜板碰撞

图 1.4 颗粒碰撞恢复系数试验平台及原理

与 Li 等试验相同的效果，进而计算得到圆柱形、球形颗粒与几何体间的恢复系数。Wang 等[69]通过研制如图 1.4(d)所示的恢复系数试验台，测得不同形状玉米籽粒与锌板的恢复系数。陆永光等[70]和李洪昌等[71]基于运动学原理设计了斜板碰撞试验(其原理见图 1.4(e))，得到水稻籽粒、花生荚果与多种材料间的恢复系数。

为测得颗粒间恢复系数，有研究者对多种材料(玻璃[72]、微晶纤维素[73]、橡胶[74]和金属[75])设计相关自由下落试验，得到球形和圆柱形颗粒间的恢复系数，试验要求颗粒与板材料相同，将颗粒制成特定形状，这样操作简化了试验，提高了可操作性，但要求碰撞板的加工质量要高。有学者将众多颗粒粘接为颗粒板，来解决某些物料无法加工成平板的问题，但通过这种方式测定的颗粒间的恢复系数会受到颗粒粘接板的表面平整情况和颗粒间隙大小的影响[76]。此外，Alonso-Marroquín 等设计了如图 1.5 所示的双摆试验，测定出了不规则外形颗粒间的恢复系数[77]。

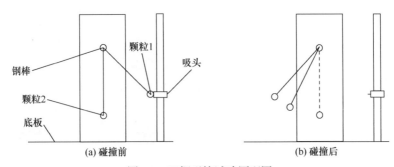

(a) 碰撞前　　　　　　　　　　　　　　(b) 碰撞后

图 1.5　双摆碰撞试验原理图

2) 静摩擦系数测定

在离散元中，静摩擦系数包含颗粒-几何体间静摩擦系数和颗粒间静摩擦系数两种情况。

为测得颗粒-几何体间静摩擦系数，国内外学者通过改进斜面静摩擦系数试验，设计出各种形式的斜板试验(图 1.6)。例如，Alonso-Marroquín 等[77]和 Grima 等[78]利用图 1.6(a)所示的斜面仪确定了颗粒-几何体间静摩擦系数。Wang 等[69]和韩燕龙等[79]分别通过图 1.6(b)、(c)所示的斜板装置，确定了颗粒-几何体间静摩擦系数。试验中需要注意：保证颗粒在斜板上做滑动运动，以确保测得的是两者间的静摩擦系数，确保圆球或圆柱形颗粒在斜板上；需要缓慢稳定地抬升斜板，消除颗粒滑动是由振动导致的可能性。姜胜强等[61]设计了图 1.6(d)所示的斜板试验，用高速摄像机记录了泥沙颗粒在斜板上滑动的时间和距离，进而推导计算出泥沙颗粒与有机玻璃间的静摩擦系数。Li 等[80]为推导颗粒-几何体间静摩擦系数的计算式，设计了如图 1.7 所示的水平牵引试验，但此试验需尽量减小滑轮处的摩擦力以减小误差。Suzzi 等[81]、Just 等[82]和 Barrios 等[83]借助图 1.8 所示的旋转摩擦

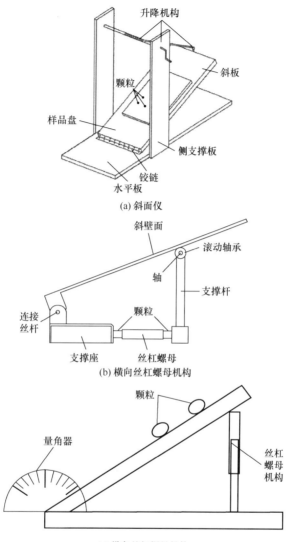

(a) 斜面仪

(b) 横向丝杠螺母机构

(c) 纵向丝杠螺母机构

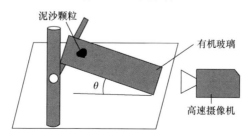

(d) 高速摄像机记录时间

图1.6 斜板试验

试验机，测量出扭矩及法向力，并依次计算得到颗粒-几何体间静摩擦系数。Coetzee[62]、Frankowski 等[84]和 Ucgul 等[85]设计了如图 1.9 所示的剪切试验，计算推导出颗粒-几何体间静摩擦系数。

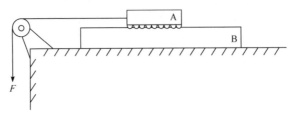

图 1.7　水平牵引试验原理

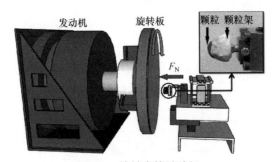

图 1.8　旋转摩擦试验机

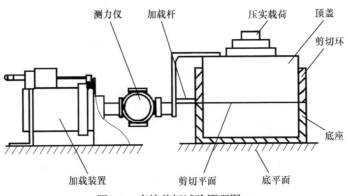

图 1.9　直接剪切试验原理图

为测得颗粒间静摩擦系数，一般采用斜板抬升试验测量其相关参数。例如，Chen 等[86]通过图 1.10(a)所示的斜板抬升装置，确定了玻璃球与玻璃板间的静摩擦系数。在农业领域中测量颗粒间摩擦系数较为困难，因为农产品一般无法加工成平板进行试验。韩燕龙等[79]和于庆旭等[87]通过在平板上黏结相关农作物进行斜板抬升试验，进而获得了颗粒间的静摩擦系数。Just 等[82]通过图 1.10(b)所示的旋转摩擦试验机测定了颗粒间的静摩擦系数。

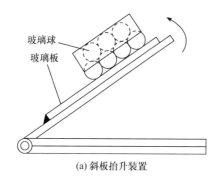

玻璃球
玻璃板

(a) 斜板抬升装置　　　　　　　　　　(b) 旋转摩擦试验机

图 1.10　颗粒间静摩擦系数测定试验

3) 滚动摩擦系数测定

在离散元中,滚动摩擦系数也需考虑颗粒-几何体间滚动摩擦系数和颗粒间滚动摩擦系数两种情况。

测量颗粒-几何体间滚动摩擦系数也有许多方法。例如,在图 1.6(a)所示的斜板抬升试验的基础上,Ucgul 等[85]和 Budinski[88]通过测定颗粒开始滚动时的斜板倾角,进一步计算出颗粒-几何体间滚动摩擦系数。Ketterhagen 等[65]和刘文政等[89]基于如图 1.11(a)、(b)所示的斜面试验,根据颗粒在水平板上的滚动距离,分别计算得到药丸和马铃薯的滚动摩擦系数。崔涛等[90]利用图 1.11(c)所示的试验装置,获得了滚动摩擦的能量损耗占比与导轨角度的关系表达式,滚动摩擦系数为表达式的斜率。由于崔涛等的试验对操作性要求较高,李贝等[91]在他们试验的基础上进行简化,根据图 1.11(d)所示平抛运动原理,测量其水平和垂直位移,由能量守恒定律得到石球与铁板间的滚动摩擦系数。刘万锋等[92]在李贝等试验的基础上,将斜板替换为圆弧导轨(图 1.11(e)),推导计算得到石球与铁轨间的滚动摩擦系数。由于单个球形颗粒在斜面滚动时存在旋转运动,Ciornei 等[93]用铝杆将两个球固接在一起来消除旋转运动(图 1.11(f)),借助光学系统确定运动时间,计算得到滚动摩擦系数。此外,Minkin 等[94]基于振荡原理,借助运动传感器测定了钢球在木质轨道和塑料尺上的滚动摩擦系数(图 1.11(g))。

为测得颗粒间的滚动摩擦系数,可用相应的颗粒材料板代替上述平整的斜板。基于颗粒材料自身性质,有的研究中将颗粒粘接为颗粒板[89,90],而有的则将颗粒材料如岩石等加工为平板或者轨道[91,92]。对于由大量颗粒粘接成的颗粒板,很难确保没有缝隙,如图 1.11(c)中的种子层斜面。

直接测量滚动摩擦系数的试验要求颗粒材料有较高的圆度,以确保颗粒能够做滚动运动,而在实际生产中,许多颗粒材料(如农作物颗粒、岩石和煤散料等)均是非球形颗粒。对于非球形颗粒,滚动摩擦系数对其运动影响很小[82],其试验结果的准确性与可靠性还需进一步确定。

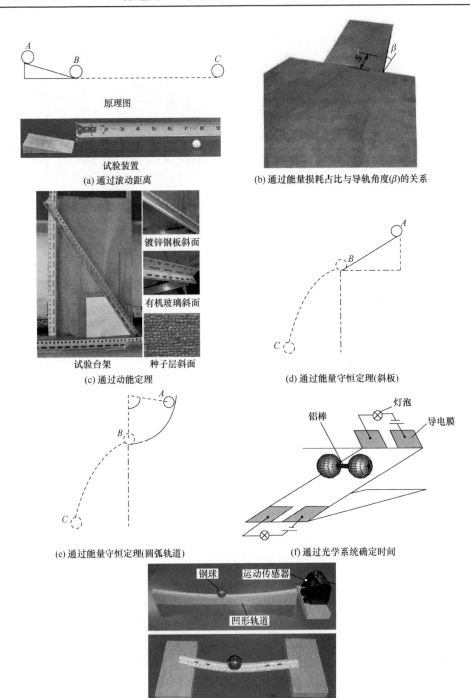

图 1.11　颗粒-几何体间滚动摩擦系数测定试验

2. 试验-仿真联合虚拟标定

如上所述，试验中难以准确对实际生产条件进行重现，导致部分离散元参数的测量不够准确。同时考虑到实际的颗粒形状大多是不规则的，部分试验条件很难满足。对此，一些研究人员采用试验-仿真联合的方法对参数进行虚拟标定，主要包括两种情况：一是对单个参数进行单独标定，二是对多个参数进行联合标定。

1) 单个参数单独标定

单个参数单独标定也分为两种情况。一种情况是直接测量，进行三维建模及离散元模拟。于庆旭等[87]通过试验与模拟相结合的方法，获得了颗粒与斜板间滚动摩擦系数与水平滚动距离的关系，并据此求解得到颗粒-几何体间滚动摩擦系数。Soltanbeigi 等[95]通过模拟斜板抬升过程(图 1.12(a))，标定了静摩擦系数，其中在标定颗粒间静摩擦系数时，颗粒生成情况如图 1.12(b)所示，将底层两个颗粒与斜板间静摩擦系数设为 1，上方颗粒在颗粒上滑动，依此标定颗粒间静摩擦系数。以上研究均采用单个不规则颗粒进行离散元模拟，颗粒模型与接触模型的准确性直接决定了模拟结果的可靠性。另外，不规则颗粒间的相互作用复杂，单颗粒模拟与实际情况不相符，因此该方法存在一定的局限性。为改善这种情况，Grima 等[96]将一堆颗粒放置在斜面上，抬升斜板，当部分颗粒开始滚动时，测量斜板倾角，然后与试验进行对比，从而标定颗粒-几何体间滚动摩擦系数。

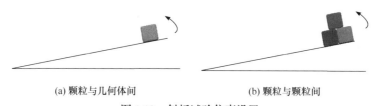

(a) 颗粒与几何体间   (b) 颗粒与颗粒间

图 1.12   斜板试验仿真设置

另一种情况是基于已知的其他参数，根据多颗粒相互作用时的散料宏观现象对未知参数进行标定。Wang 等[69]和韩燕龙等[79]基于图 1.13 所示的堆积角试验，分别模拟了散料在颗粒层和钢板上的堆积过程，并依此标定了颗粒的滚动摩擦系数。Grima 等[78,96]通过模拟坍塌过程，标定了煤颗粒间滚动摩擦系数。Coetzee 等[97]根据模拟压缩试验标定的颗粒刚度进行试验，进一步标定了颗粒间摩擦系数。

综上所述，主要采用单因素试验进行单因素标定，具体过程如下：

(1) 通过试验确定宏观物理指标。

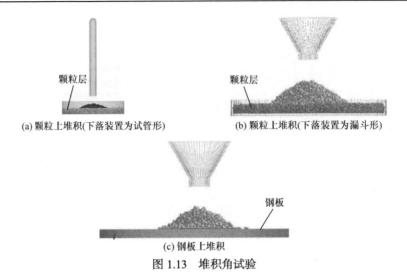

(a) 颗粒上堆积(下落装置为试管形)　　　(b) 颗粒上堆积(下落装置为漏斗形)

(c) 钢板上堆积

图 1.13　堆积角试验

(2) 在离散元仿真软件中对试验装置进行建模仿真，进而得到不同待标定参数下的宏观指标。

(3) 建立宏观指标与待标定参数的影响规律。

(4) 基于试验测定的宏观指标，得到该值下的待标定参数。

2) 多个参数联合标定

当待标定的参数多于 1 个时，标定的复杂度远超过单个参数标定，可采用不同的方法进行标定。赵川等[98]将堆积角作为漏斗堆积试验的指标，通过调整滚动摩擦系数，标定了颗粒间滚动摩擦系数。这种通过不断尝试标定的方法需要很长的时间。为改善这一方法，Combarros 等[66]和 Li 等[99]分别建立了所选两个堆积试验指标与待标定参数的数学模型，并以试验值作为目标值求解得到所需参数。Li 等[99]的研究有数量相同的试验指标与待标定参数，确保了标定结果的唯一性。也有学者通过增加标定试验的数量来克服赵川等[98]研究的不足，Ucgul 等[85]通过模拟堆积角试验和两种穿透试验，标定了砂间静摩擦系数、砂间滚动摩擦系数和时间步长三个参数；王云霞等[100]通过模拟两种堆积试验，分别建立了堆积角与两个待标定参数的数学模型，进而标定了所需参数。但当待标定参数超过 3 个时，采用此方法会加大试验的工作量。

综上所述，试验-仿真联合标定参数的主要步骤为：将响应指标设定为试验所得的宏观参数，调整待标定参数使模拟仿真结果和响应指标与已知数值近似，进而反向推出待标定参数[101]，这种反向标定的流程可总结为两步：①构建目标函数，要求在仿真模型参数设置下，该目标函数能反映模拟结果与试验结果的差异；②以试验结果为目标值，通过不断调整各待标定参数，寻求最优参数组合[102]。当待标定的参数较多时，该过程会变得非常低效，为了改进在多待标定参数情况下的缺陷，研究者提出了许多方法,如基于响应面的试验设计方法[103,104]、基于拉丁超立方体采样的神经网络方法[105,106]、人工神经网络方法[107]等。其中,参数标定中广泛应用了基于响应面的试验设计方法,该方法在建立系统预测模型方面展现出十分优异的性能,与基于拉丁超立方体采样的神经网络方法和人工神经网络方法相比,其具有原理简单、仿真试验数量少等优点。

1.5.2 煤岩散料运动学

针对煤炭开采时煤岩散料的运动学,Gao 等[108-110]基于滚筒装煤过程的离散元模拟,研究了煤岩刚度、滚筒位置和摇臂厚度、采煤倾角对滚筒装煤性能的影响。Li 等[111]通过对不同牵引速度下前后滚筒切削过程的模拟,研究了滚筒和每个截齿的受力特性。Zhang 等[112]通过对不同放顶距离下煤岩崩落过程的模拟,研究了煤体的动力特性。Xie 等[113]借用离散元法获得了顶煤放顶过程中成拱结构的参数。贾嘉等[114]通过对镐型截齿在不同切削厚度下破煤过程的仿真,确定了镐型截齿截割力波动最小时的截割厚度。赵丽娟等[115]应用离散元法模拟并对比了原型滚筒和模型滚筒截割煤壁的过程,发现在煤颗粒的运动与分布、装煤率、载荷方面,两者有较高的一致性。

在运输煤炭方面,Katterfeld 等[116]应用 EDEM 软件对斗式提升机和刮板输送机的装卸过程进行了离散元模拟。为优化输送机模型,Žídek 等[117]通过对链式刮板输送机输送过程的模拟,探究了刮板几何形状对物料运动特性的影响规律。Zhou 等[118]研究了在气力管道输送过程中颗粒形状和旋流强度对煤块破碎的影响。Qiu 等[119]研究了不同结构的中部槽与物料流动特征间的关系。朴香兰等[120]基于离散元法理论,对带式输送机转弯处物料的速度和受力特征进行了探究。为了增加仿真结果的可靠性,Curry 等[121]提出将多体动力学工具 ADAMS 和 EDEM 结合起来进行研究。杨茗予等[122]在模拟刮板输送机工作过程时发现,溜槽内部压力大小约为所运输煤散料重量的 1.2 倍。Wang 等[123]通过对刮板输送机运输过程的离散元模拟,分析了刮板链速、颗粒间静摩擦系数和铺设倾角对质量流率的影响规律。李博等[124]运用离散元法模拟了煤散料堆积和底板倾斜的运输工况及其对中板的作用力和磨损特性,结果表明,两种工况下运输效率都会降低且刮板链正下方磨损最严重。

1.5.3 磨粒磨损研究应用

在离散元法未被广泛应用之前,有限元法是解决磨损问题的常用手段,但这种方法忽视了散体,往往不能正确求解。Chen 等[125]应用离散元法研究了取料机送料皮带的磨损问题,并对取料机结构进行了改进。Forsström 等[126]结合离散元法和有限元法对自卸车的磨损进行仿真,发现磨损区域的位置和尺寸均与实际情况相符合。吕龙飞等[127]针对立轴破转子的磨损机制问题，采用 EDEM 软件的二次开发功能对其进行分析，发现分料锥结构对各部件的磨损情况有显著影响。Jafari 等[128]基于离散元法分析了各种加工参数对振动筛网格磨损的影响规律，总结得出磨损随振动频率和网格斜率的增加而加剧。陈祖向等[41]通过模拟刮板输送机输送煤散料的过程，获得了链速等因素对中部槽磨损的影响规律。Wang 等[129]研究了不同破碎条件下圆锥破碎机衬板的磨损情况，发现增大滑动距离和载荷均会加剧衬板的磨损。Luo 等[130]基于能量平衡理论和离散元数值模拟，运用 PFC^{3D}软件，估算了高温气冷堆中的石墨粉尘含量，并结合各燃料原件的磨损数据与离散元模拟，编写了石墨粉尘分析程序，且用该程序计算了 10MW 高温气冷试验堆中的石墨粉尘含量。Chen 等[131]基于离散元磨损模型探究了单颗粒滑动磨损，发现增加颗粒密度和半径会增大磨损程度，而其他参数的影响可忽略。Xu 等[132]对半自磨机磨损情况进行了离散元模拟，结果表明，转速对衬片磨损率和磨损分布的影响显著。Hoormazdi 等[133]应用 PFC 软件模拟了土壤对刀具的磨损，获得了刀具与土壤的力学特性，提出一种新的预测土壤刀具磨损的计算程序。Abbas[134]基于离散元法研究了钻头钻进岩石过程中的扭矩值和磨损值。Madadi Najafabadi 等[135]对比了离散元模拟结果和铁矿石球团耐磨试验结果，发现二者误差很小，可用于预测铁矿石球团的磨损。

1.6　本书主要研究内容

本书以刮板输送机运载系统为研究对象，构建刮板输送机运载系统动力学模型和煤颗粒的离散元模型，并进行离散元-动力学仿真，对刮板输送机工作状态下的力学效应和磨损情况进行分析，在所得结果的基础上，提出中板选材策略和中板耐磨策略。基于上述思路，本书研究内容主要包括以下四个方面：

(1) 建立刮板输送机运载系统模型。采用 UG 软件建立刮板输送机运载系统中的刚体模型，采用 EDEM 软件构建干、湿煤颗粒的离散元模型以及煤散料与中部槽的接触模型。

(2) 研究刮板输送机运载系统的力学效应。对复杂工况下运载系统的受力特征、接触力学效应和磨损情况进行研究，并针对磨损问题进行深一步的仿真与试验分析。

(3) 提出中板材料选择策略。针对不同煤矿的实际环境，提出中板选材策略，可选择出最适合煤矿的中部槽中板材料。

(4) 提出仿生耐磨策略。基于刮板输送机的力学效应与磨损研究成果，结合仿生理论，提出仿生耐磨策略。

本书的逻辑思维如图 1.14 所示。

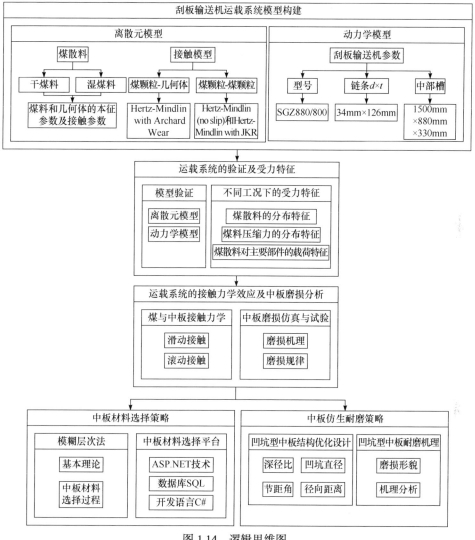

图 1.14 逻辑思维图

参 考 文 献

[1] 史志远. 重载刮板输送机中部槽磨损形态及成因研究. 煤矿机电, 2016, (3): 46-48.

[2] 曾庆良, 王刚, 江守波. 刮板输送机链传动系统动力学分析. 煤炭科学技术, 2017, 45(5): 34-40.

[3] 焦宏章, 杨兆建, 王淑平. 刮板输送机链轮卡链工况下的动力学特性分析. 煤炭科学技术, 2012, 40(6): 66-69.

[4] 王学文, 王淑平, 龙日升, 等. 重型刮板输送机链传动系统负荷启动刚柔耦合接触动力学特

性分析. 振动与冲击, 2016, 35(11): 34-40.

[5] 谢苗, 李翠, 毛君, 等. 刮板输送机链轮链环啮合动力学分析. 机械设计, 2017, 34(5): 58-64.

[6] 毛君, 董先瑞, 谢苗, 等. 刮板输送机链传动系统接触动力学特性分析. 工程设计学报, 2015, 22(5): 445-451.

[7] 廖昕, 张建润, 冯涛, 等. 采煤机中部槽极限工况下强度非线性分析. 东南大学学报(自然科学版), 2014, 44(3): 531-537.

[8] 韩德炯, 李冬浩, 宋伟刚. 刮板输送机动力学问题的差分数值解法与计算机仿真. 矿山机械, 2009, 37(11): 22-26.

[9] 刘英林, 吴凤彪. 重型刮板输送机起动方式研究. 煤炭工程, 2012, 7(7): 112-114.

[10] 张春芝, 孟国营. 输送机刮板链立环疲劳寿命预测方法研究. 煤炭科学技术, 2012, 40(7): 62-65.

[11] 闫向彤, 李书安, 张永鑫, 等. 基于ADAMS刮板输送机传动系统耦合研究. 煤炭技术, 2018, 37(10): 269-271.

[12] 毛君, 谢春雪, 孙九猛, 等. 故障载荷下刮板输送机动力学特性研究. 机械强度, 2016, 38(6): 1156-1160.

[13] 张东升, 毛君, 刘占胜. 刮板输送机启动及制动动力学特性仿真与实验研究. 煤炭学报, 2016, 41(2): 513-521.

[14] 梁民权. 刮板输送机主要部件的故障树分析. 江西煤炭科技, 2016, (4): 110-112.

[15] 谢苗, 闫江龙, 毛君, 等. 卡链工况下刮板输送机链轮链条啮合特性分析. 机械强度, 2017, 39(3): 635-641.

[16] 李隆, 崔红伟, 杨茗予. 基于EDEM的刮板输送机卡链工况特性研究. 矿业研究与开发, 2018, 38(7): 112-116.

[17] 谢春雪, 刘治翔, 毛君, 等. 卡链工况下刮板输送机扭摆振动特性分析. 煤炭学报, 2018, 43(8): 2348-2354.

[18] 叶平, 魏任之. 刮板输送机圆环链断链检测方法的研究. 中国矿业大学学报, 1997, 26(4): 14-16.

[19] 吴孙阳, 张行, 卢明立, 等. 基于应力突变的刮板输送机断链检测系统. 工矿自动化, 2016, 42(4): 23-27.

[20] 董刚, 马宏伟, 南源桐, 等. 刮板输送机飘链故障诊断技术研究. 煤炭科学技术, 2017, 45(5): 41-46.

[21] Xia R, Wang X W, Li B, et al. The prediction of wear on a scraper conveyor chute affected by different factors based on the discrete element method. Proceedings of the Institution of Mechanical Engineers, Part C: Journal of Mechanical Engineering Science, 2019, 233(17): 6229-6239.

[22] 刘泽平, 刘混举. 基于有限元的哑铃销可靠性分析. 煤矿机械, 2013, 34(9): 120-122.

[23] 王萍, 卢明立, 杨志明, 等. 大型刮板输送机哑铃销断裂检测系统设计. 科学技术与工程, 2016, 16(10): 109-111, 139.

[24] 许联航, 刘混举. 大采高工作面刮板输送机中部槽断裂原因分析. 煤炭科学技术, 2014, 42(4): 126-128.

[25] 王鹏. 基于ABAQUS的刮板输送机轨座改进与优化. 机械工程与自动化, 2017, (3): 78-79, 81.

[26] 张彦霞. 煤矿刮板输送机电动机烧损原因及应对措施分析. 煤炭与化工, 2015, 38(9): 129-131.

[27] 张永强, 马宪民, 梁兰. 基于 RBF 的模糊积分多传感器数据融合的刮板输送机电机故障诊断. 西安科技大学学报, 2016, 36(2): 271-274.

[28] 赵美卿, 李永康. 刮板输送机用减速器齿轮轴失效分析. 煤矿机械, 2015, 36(5): 316-317.

[29] 张宇. 刮板输送机中液力耦合器存在的问题及改进措施. 科技创新与应用, 2016, (14): 49-50.

[30] 赵运才, 李伟, 张正旺. 中部槽磨损失效的摩擦学系统分析. 煤矿机械, 2007, 28(8): 57-58.

[31] 金毓州, 王润之. 煤矿输送机中部槽磨损机理及强化工艺方法的分析. 煤矿机械, 1983, (5): 30-35.

[32] 温欢欢, 刘混举. 刮板输送机中部槽的磨损失效及报废条件探讨. 煤矿机械, 2012, 32(7): 99-101.

[33] 张长军, 陈志军, 郝石坚. 煤矿机械的磨料磨损与抗磨材料. 中国煤炭, 1995, (4): 16-19, 53.

[34] 唐果宁, 李颂文. 刮板输送机中部槽链道磨损分析及复合渗硼试验研究. 矿山机械, 1998, (12): 53-54.

[35] 张维果, 王学成. 浅谈煤矿机械磨料磨损机理. 煤炭工程, 2010, (6): 76-78.

[36] 邵荷生, 陈华辉. 煤的磨料磨损特性研究. 煤炭学报, 1983, (4): 12-18, 97-100.

[37] 梁绍伟, 李军霞, 李玉龙. 不同煤料对中部槽摩擦特性影响的实验研究. 科学技术与工程, 2016, 16(22): 174-178.

[38] Shi Z Y, Zhu Z C. Case study: Wear analysis of the middle plate of a heavy-load scraper conveyor chute under a Range of operating conditions. Wear, 2017, 380-381: 36-41.

[39] 李博, 夏蕊, 王学文, 等. 基于响应面法的多因素交互作用下中部槽磨损试验研究. 中国机械工程, 2019, 30(22): 2764-2771.

[40] 蔡柳, 王学文, 王淑平, 等. 煤散料在刮板输送机中部槽中的运动分布特征与作用力特性. 煤炭学报, 2016, 41(S1): 247-252.

[41] 陈祖向, 王学文, 王少伟, 等. 刮板输送机中部槽磨损量的影响分析. 煤炭技术, 2017, 36(2): 227-229.

[42] 梁立勋, 周邦远, 陈显坤. 改性 MC 尼龙 SGW-40T 刮板输送机中部槽的研制. 煤矿安全, 2002, 33(12): 41-42.

[43] 刘白, 曲敬信. 煤矿刮板运输机 16Mn 钢中部槽的磨损失效分析. 特殊钢, 2003, 24(6): 43-44.

[44] 杨泽生, 林福严. 改进刮板与中部槽摩擦特性的试验研究. 煤矿机械, 2010, 31(10): 35-36.

[45] 单宾周, 马可白, 贾柱. 耐磨刚玉陶瓷在刮板输送机中的应用探讨. 矿山机械, 2011, 39(1): 31-33.

[46] 乔燕芳, 杨超, 杨海利. 刮板输送机中板材料腐蚀磨损性能研究. 煤矿机械, 2016, 37(1): 77-79.

[47] 葛世荣, 王军祥, 王庆良, 等. 刮板输送机中锰钢中部槽的自强化抗磨机理及应用. 煤炭学报, 2016, 41(9): 2373-2379.

[48] Ge S R, Wang Q L, Wang J X. The impact wear-resistance enhancement mechanism of medium manganese steel and its applications in mining machines. Wear, 2017, 376-377: 1097-1104.

[49] 王巧梅. 提高刮板输送机圆环链与中部槽耐磨性的研究. 山西焦煤科技, 2007, (9): 34-37.

[50] 李敏, 李惠东, 李惠琪, 等. 等离子束表面冶金技术在刮板机溜槽上的应用研究. 矿山机械, 2004, 32(11): 59-61, 55.

[51] 李中军. 热喷涂技术在轻型刮板输送机上的应用. 矿山机械, 2010, 38(3): 14-16.

[52] 张小凤, 霍伟亚. 断续菱形花纹焊道工艺在刮板输送机中部槽耐磨修复中的应用. 中国煤炭, 2013, 39(12): 81-83.

[53] 秦文光. 刮板输送机等离子熔覆再制造强化技术的应用. 中州煤炭, 2016, (10): 82-84.

[54] 刘毓, 王学文, 李博, 等. 中部槽-刮板的仿生优化及摩擦磨损性能分析. 矿业研究与开发, 2017, 37(4): 24-27.

[55] Li B, Wang X W, Xia R, et al. Research on the bionic design of the middle trough of a scraper conveyor based on the finite element method. Proceedings of the Institution of Mechanical Engineers Part C: Journal of Mechanical Engineering Science, 2019, 233(9): 3286-3301.

[56] 王泳嘉, 邢纪波. 离散单元法及其在岩土工程中的应用. 沈阳: 东北工学院出版社, 1991.

[57] 胡国明. 颗粒系统的离散元素法分析仿真. 武汉: 武汉理工大学出版社, 2010.

[58] 国家建筑材料工业局. 建筑石膏力学性能的测定(GB/T 17669.3—1999). 北京: 中国标准出版社, 1999.

[59] None. Suggested methods for determing tensile strength of rock materials. International Journal of Rock Mechanics and Mining Sciences and Geomechanics, 1978, 15(3): 99-103.

[60] 马玉莹, 雷廷武, 庄晓晖. 测量土壤颗粒密度的体积置换法. 农业工程学报, 2014, 30(15): 130-139.

[61] 姜胜强, 谭磁安, 陈睿, 等. 非规则泥沙颗粒流动堆积过程中接触模型参数研究. 泥沙研究, 2017, 42(5): 63-69.

[62] Coetzee C J. Calibration of the discrete element method and the effect of particle shape. Powder Technology, 2016, 297: 50-70.

[63] 秦志英, 陆启韶. 基于恢复系数的碰撞过程模型分析. 动力学与控制学报, 2006, 4(4): 294-298.

[64] Uchiyama Y I, Arakawa M, Okamoto C, et al. Restitution coefficients and sticking velocities of a chondrule analogue colliding on a porous silica layer at impact velocities between 0.1 and 80 ms^{-1}. Icarus, 2012, 219(1): 336-344.

[65] Ketterhagen W R, Bharadwaj R, Hancock B C. The coefficient of rolling resistance (CoRR) of some pharmaceutical tablets. International Journal of Pharmaceutics, 2010, 392(1-2): 107-110.

[66] Combarros M, Feise H J, Zetzener H, et al. Segregation of particulate solids: Experiments and DEM simulations. Particuology, 2014, 12(1): 25-32.

[67] Li T H, Zhang J Y, Ge W. Simple measurement of restitution coefficient of irregular particles. China Particuology, 2004, 2(6): 274-275.

[68] Hastie B D. Experimental measurement of the coefficient of restitution of irregular shaped particles impacting on horizontal surfaces. Chemical Engineering Science, 2013, 101: 828-836.

[69] Wang L J, Zhou W X, Ding Z J, et al. Experimental determination of parameter effects on the coefficient of restitution of differently shaped maize in three-dimensions. Powder Technology, 2015, 284: 187-194.

[70] 陆永光, 吴努, 王冰, 等. 花生荚果碰撞模型中恢复系数的测定及分析. 中国农业大学学报, 2016, 21(8): 111-118.

[71] 李洪昌, 高芳, 李耀明, 等. 水稻籽粒物理特性测定. 农机化研究, 2014, 36(3): 23-27.

[72] Téllez-Medina D I, Byrne E, Fitzpatrick J, et al. Relationship between mechanical properties and shape descriptors of granules obtained by fluidized bed wet granulation. Chemical Engineering Journal, 2010, 164(2): 425-431.

[73] Šibanc R, Kitak T, Govedarica B, et al. Physical properties of pharmaceutical pellets. Chemical Engineering Science, 2013, 86: 50-60.

[74] Marinack M C, Jasti V K, Choi Y E, et al. Couette grain flow experiments: The effects of the coefficient of restitution, global solid fraction, and materials. Powder Technology, 2011, 211(1): 144-155.

[75] Aryaei A, Hashemnia K, Jafarpur K. Experimental and numerical study of ball size effect on restitution coefficient in low velocity impacts. International Journal of Impact Engineering, 2010, 37(10): 1037-1044.

[76] 张春, 杜文亮, 陈震, 等. 荞麦米筛分物料接触参数测量与离散元仿真标定. 农机化研究, 2019, 41(1): 46-51.

[77] Alonso-Marroquín F, Ramírez-Gómez L, González-Montellano C, et al. Experimental and numerical determination of mechanical properties of polygonal wood particles and their flow analysis in silos. Granular Matter, 2013, 15(6): 811-826.

[78] Grima A P, Wypych P W. Development and validation of calibration methods for discrete element modelling. Granular Matter, 2011, 13(2): 127-132.

[79] 韩燕龙, 贾富国, 唐玉荣, 等. 颗粒滚动摩擦系数对堆积特性的影响. 物理学报, 2014, 63(17): 165-171.

[80] Li Y J, Xu Y, Thornton C. A comparison of discrete element simulations and experiments for 'sandpiles' composed of spherical particles. Powder Technology, 2005, 160(3): 219-228.

[81] Suzzi D, Toschkoff G, Radl S, et al. DEM simulation of continuous tablet coating: Effects of tablet shape and fill level on inter-tablet coating variability. Chemical Engineering Science, 2012, 69(1): 107-121.

[82] Just S, Toschkoff G, Funke A, et al. Experimental analysis of tablet properties for discrete element modeling of an active coating process. AAPS Pharmscitech, 2013, 14(1): 402-411.

[83] Barrios G K P, Carvalho R M d, Kwade A, et al. Contact parameter estimation for DEM simulation of iron ore pellet handling. Powder Technology, 2013, 248: 84-93.

[84] Frankowski P, Morgeneyer M. Calibration and validation of DEM rolling and sliding friction coefficients in angle of repose and shear measurements. AIP Conference Proceedings, 2013: 851-854.

[85] Ucgul M, Fielke J M, Saunders C. Three-dimensional discrete element modelling of tillage: Determination of a suitable contact model and parameters for a cohesionless soil. Biosystems Engineering, 2014, 121: 105-117.

[86] Chen H, Liu Y L, Zhao X Q, et al. Numerical investigation on angle of repose and force network from granular pile in variable gravitational environments. Powder Technology, 2015, 283: 607-617.

[87] 于庆旭, 刘燕, 陈小兵, 等. 基于离散元的三七种子仿真参数标定与试验. 农业机械学报, 2020, 51(2): 123-132.

[88] Budinski K G. An inclined plane test for the breakaway coefficient of rolling friction of rolling element bearings. Wear, 2005, 259(7-12): 1443-1447.

[89] 刘文政, 何进, 李洪文, 等. 基于离散元的微型马铃薯仿真参数标定. 农业机械学报, 2018, 49(5): 125-135, 142.

[90] 崔涛, 刘佳, 杨丽, 等. 基于高速摄像的玉米种子滚动摩擦特性试验与仿真. 农业工程学报, 2013, 29(15): 34-41.

[91] 李贝, 陈羽, 孙平, 等. 滚动摩擦系数工程测量方法与验证. 工程机械, 2017, 48(4): 29-32.

[92] 刘万锋, 徐武彬, 李冰, 等. 滚动摩擦系数的测定及 EDEM 仿真分析. 机械设计与制造, 2018, (9): 132-135.

[93] Ciornei F C, Alaci S, Ciogole V I, et al. Valuation of coefficient of rolling friction by the inclined plane method. IOP Conference Series: Materials Science and Engineering, 2017, 200(1): 012006.

[94] Minkin L, Sikes D. Coefficient of rolling friction—Lab experiment. American Journal of Physics, 2018, 86(1): 77-78.

[95] Soltanbeigi B, Podlozhnyuk A, Papanicolopulos S A, et al. DEM study of mechanical characteristics of multi-spherical and superquadric particles at micro and macro scales. Powder Technology, 2018, 329: 288-303.

[96] Grima A P, Wypych P W. Investigation into calibration of discrete element model parameters for scale-up and validation of particle-structure interactions under impact conditions. Powder Technology, 2011, 212(1): 198-209.

[97] Coetzee C J, Els D N J, Dymond G F. Discrete element parameter calibration and the modelling of dragline bucket filling. Journal of Terramechanics, 2009, 47(1): 33-44.

[98] 赵川, 付成华. 基于 DEM 的碎屑流运动特性数值模拟. 水利水电科技进展, 2017, 37(2): 43-47.

[99] Li Q, Feng M X, Zou Z S. Validation and calibration approach for discrete element simulation of burden charging in pre-reduction shaft furnace of COREX process. ISIJ International, 2013, 53(8): 1365-1371.

[100] 王云霞, 梁志杰, 张东兴, 等. 基于离散元的玉米种子颗粒模型种间接触参数标定. 农业装备工程与机械化, 2016, 32(22): 36-42.

[101] Tarantola A. Inverse Problem Theory and Methods for Model Parameter Estimation. Beijing: Science Press, 2009.

[102] Do H Q, Aragón A M, Schott D L. A calibration framework for discrete element model parameters using genetic algorithms. Advanced Powder Technology, 2018, 29(6): 1393-1403.

[103] Yoon J. Application of experimental design and optimization to PFC model calibration in uniaxial compression simulation. International Journal of Rock Mechanics and Mining Sciences, 2007, 44(6): 871-889.

[104] Santos K G, Campos A V P, Oliveira O S, et al. Dem simulations of dynamic angle of repose of acerola residue: A parametric study using a response surface technique. Blucher Chemical Engineering Proceedings, 2015, 1(2): 11326-11333.

[105] Zhou H L, Hu Z Q, Chen J G, et al. Calibration of DEM models for irregular particles based on experimental design method and bulk experiments. Powder Technology, 2018, 332: 210-223.

[106] Rackl M, Hanley K J. A methodical calibration procedure for discrete element models. Powder

Technology, 2016, 307: 73-83.

[107] Benvenuti L, Kloss C, Pirker S. Identification of DEM simulation parameters by artificial neural networks and bulk experiments. Powder Technology, 2016, 291: 456-465.

[108] Gao K D. Feasibility of drum coal loading process simulation using three dimensional discrete element method. Electronic Journal of Geotechnical Engineering, 2015, 20(14): 5999-6007.

[109] Gao K D, Du C L, Dong J H, et al. Influence of the drum position parameters and the ranging arm thickness on the coal loading performance. Minerals, 2015, 5(4): 723-736.

[110] Gao K D, Wang L P, Du C L, et al. Research on the effect of dip angle in mining direction on drum loading performance: A discrete element method. The International Journal of Advanced Manufacturing Technology, 2017, 89(5-8): 2323-2334.

[111] Li X F, Wang S B, Ge S R, et al. A study on drum cutting properties with full-scale experiments and numerical simulations. Measurement, 2018, 114: 25-36.

[112] Zhang Y X, Wang S R, Wu C F, et al. Study on the optimization of the fully mechanized top-coal caving mining techniques in steep-thick coal-seams. Progress in Mining Science and Safety Technology, 2007: 223-228.

[113] Xie Y S, Zhao Y S. Numerical simulation of the top coal caving process using the discrete element method. International Journal of Rock Mechanics and Mining Sciences, 2009, 46(6): 983-991.

[114] 贾嘉, 王义亮, 杨兆建, 等. 镐型截齿不同切削厚度下破煤受力分析. 煤炭工程, 2017, 49(9): 122-125, 129.

[115] 赵丽娟, 范佳艺, 刘雪景, 等. 采煤机螺旋滚筒动态截割过程研究. 机械科学与技术, 2019, 38(3): 386-391.

[116] Katterfeld A, Groger T. Design & engineering-application of the discrete element method part 4: Bucket elevators and scraper conveyors. Bulk Solids Handling, 2007, 27(4): 228-235.

[117] Žídek M, Zegzulka J, Jezerská L, et al. Optimisation of geometry of the chain conveyor carriers by DEM method. Inzynieria Mineralna-Journal of the Polish Mineral Engineering Society, 2015, 2: 143-148.

[118] Zhou J W, Liu Y, Du C L, et al. Effect of the particle shape and swirling intensity on the breakage of lump coal particle in pneumatic conveying. Powder Technology, 2017, 317: 438-448.

[119] Qiu X J, Kruse D. Analysis of flow of ore materials in a conveyor transfer chute using the discrete element method. Mechanics of Deformation & Flow of Particulate Materials, Evanston, 2010.

[120] 朴香兰, 郭跃. 离散元模拟技术在带式输送机中的应用. 煤炭科学技术, 2012, 40(3): 87-90.

[121] Curry D R, Deng Y. Optimizing heavy equipment for handling bulk materials with Adams-EDEM Co-simulation. International Conference on Discrete Element Methods, Singapore, 2016: 1219-1224.

[122] 杨茗予, 梁义维. 基于 EDEM 的刮板输送机中部槽与负载的研究. 矿业研究与开发, 2017, 37(7): 97-100.

[123] Wang X W, Li B, Yang Z J. Analysis of the bulk coal transport state of a scraper conveyor using the discrete element method. Strojniski Vestnik-Journal of Mechanical Engineering, 2018, 64(1): 37-46.

[124] 李博, 王学文, 陈祖向, 等. 煤散料输运状态模拟研究. 煤炭技术, 2018, 37(2): 251-253.

[125] Chen B, Donohue T, Roberts A, et al. Analysis of belt wear in bulk solids handling operations using DEM simulation. 第五届宝钢学术年会, 上海, 2013: 1-6.

[126] Forsström D, Jonsén P. Calibration and validation of a large scale abrasive wear model by coupling DEM-FEM. Engineering Failure Analysis, 2016, 66: 274-283.

[127] 吕龙飞, 侯志强, 廖昊. 基于离散元法的立轴破转子磨损机制研究. 中国矿业, 2016, 25(z2): 312-316.

[128] Jafari A, Vahid S N. Employing DEM to study the impact of different parameters on the screening efficiency and mesh wear. Powder Technology, 2016, 297: 126-143.

[129] Wang Z S, Wang R J, Fei Q, et al. Structure and microscopic wear analysis of lining material based on EDEM. 2017 International Conference on Electronic Information Technology and Computer Engineering, Zhuhai, 2017: 1-4.

[130] Luo X W, Wang X X, Shi L, et al. Nuclear graphite wear properties and estimation of graphite dust production in HTR-10. Nuclear Engineering and Design, 2017, 315: 35-41.

[131] Chen G M, Schott D, Lodewijks G. Sensitivity analysis of DEM prediction for sliding wear by single iron ore particle. Engineering Computations: International Journal for Computer-aided Engineering and Software, 2017, 34(6): 2031-2053.

[132] Xu L, Luo K, Zhao Y Z. Numerical prediction of wear in SAG mills based on DEM simulations. Powder Technology, 2018, 329: 353-363.

[133] Hoormazdi G, Küpferle J, Röttger A, et al. A Concept for the estimation of soil-tool abrasive wear using ASTM-G65 test data. International Journal of Civil Engineering, 2019, 17(1): 103-111.

[134] Abbas R K. A review on the wear of oil drill bits (conventional and the state of the art approaches for wear reduction and quantification). Engineering Failure Analysis, 2018, 90: 554-584.

[135] Madadi Najafabadi A H, Masoumi A, Vaez Allaei S M. Analysis of abrasive damage of iron ore pellets. Powder Technology, 2018, 331: 20-27.

第 2 章　煤颗粒离散元参数测量、分析与影响效应研究

2.1　离散元法基本理论及煤颗粒接触模型

2.1.1　离散元法基本理论

　　离散元法的基本原理是将所研究分析的离散体视为多个刚性体的组合，基于经典力学理论和时步迭代的方法，通过获取每个刚性体所符合的运动方程的解，得到整个集合的运动状态和力学信息。因此，这种方法对有关散体颗粒问题的研究存在某些优势。图 2.1 给出了离散元法的求解过程。

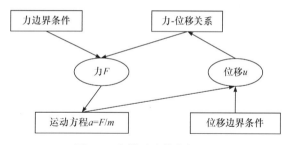

图 2.1　离散元法的求解过程

　　EDEM 软件以离散元法为核心理论，可以快速精确地获取运动过程中颗粒间及颗粒与刚体间的接触力学特性。该软件具备的接触模型数量可达十几种，本书中颗粒间的接触模型主要选取 Hertz-Mindlin(no slip)模型及 Hertz-Mindlin with JKR 模型，它们可以快速地获得颗粒间准确的运动和力学信息；颗粒与刚体间均选择 Hertz-Mindlin with Archard Wear 模型，用于考察磨损情况。使用 EDEM 软件进行研究主要分为三个步骤：预处理、求解、后处理，具体如图 2.2 所示。

2.1.2　煤颗粒接触模型

　　接触模型作为离散元法必需的组成部分之一，其本质是准静态下颗粒固体的接触力学弹塑性分析结果，可以直接通过分析计算得到颗粒受到的力和力矩。离散元法为了适应不同的研究对象，已经发展出多种接触模型。现以离散元软件 EDEM 为例介绍几种常用的接触模型。

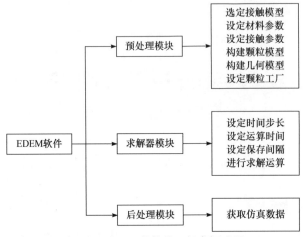

图 2.2　EDEM 软件的一般求解过程

1. Hertz-Mindlin(no slip)模型

Hertz-Mindlin(no slip)模型是进行离散元仿真时的基础接触模型,该模型的法向力分量基于 Hertz 理论[1],切向力分量是在 Mindlin 和 Deresiewicz 的研究工作[2]上建立的。

假设半径分别为 R_1、R_2 的两个球形颗粒发生弹性接触,α 为法向重叠量,它的计算公式为

$$\alpha = R_1 + R_2 - |r_1 - r_2| \tag{2.1}$$

式中,r_1 和 r_2 为两颗粒球心的位置矢量。

颗粒间的接触面为圆形,接触半径 a 为

$$a = \sqrt{\alpha R^*} \tag{2.2}$$

式中,R^* 为等效粒子半径,可由式(2.3)得出:

$$\frac{1}{R^*} = \frac{1}{R_1} + \frac{1}{R_2} \tag{2.3}$$

颗粒间法向力 F_n 为

$$F_n = \frac{4}{3} E^* (R^*)^{\frac{1}{2}} \alpha^{\frac{3}{2}} \tag{2.4}$$

式中,E^* 为等效弹性模量,可由式(2.5)得出:

$$\frac{1}{E^*} = \frac{1-v_1^2}{E_1} + \frac{1-v_2^2}{E_2} \tag{2.5}$$

式中,E_1、v_1、E_2、v_2 分别为颗粒 1 和颗粒 2 的弹性模量和泊松比。

颗粒间法向阻尼力 F_n^d 为

$$F_n^d = -2\sqrt{\frac{5}{6}}\beta\sqrt{S_n m^*}\, v_n^{rel} \tag{2.6}$$

式中，m^*为等效质量，可由式(2.7)得出：

$$m^* = \frac{m_1 m_2}{m_1 + m_2} \tag{2.7}$$

假设两颗粒发生碰撞前的速度分别为 v_1、v_2，发生碰撞时的法向单位矢量为n，那么

$$n = \frac{r_1 - r_2}{|r_1 - r_2|} \tag{2.8}$$

式(2.6)中的 v_n^{rel} 为相对速度的法向分量，由式(2.9)得出：

$$v_n^{rel} = (v_1 - v_2)n \tag{2.9}$$

式(2.6)中的系数β和法向刚度 S_n 分别由以下两式得出：

$$\beta = \frac{\ln e}{\sqrt{\ln^2 e + \pi^2}} \tag{2.10}$$

$$S_n = 2E^*\sqrt{R^*\alpha} \tag{2.11}$$

式中，e 为恢复系数。

颗粒间切向力 F_t 为

$$F_t = -S_t\delta \tag{2.12}$$

式中，δ 为切向重复量；S_t 为切向刚度，可由式(2.13)得出：

$$S_t = 8G^*\sqrt{R^*\alpha} \tag{2.13}$$

G^*为等效剪切模量，可由式(2.14)求得：

$$G^* = \frac{2 - v_1^2}{G_1} + \frac{2 - v_2^2}{G_2} \tag{2.14}$$

G_1、G_2 分别为颗粒 1 和颗粒 2 的剪切模量。

颗粒间切向阻尼力 F_t^d 为

$$F_t^d = -2\sqrt{\frac{5}{6}}\beta\sqrt{S_t m^*}\, v_t^{rel} \tag{2.15}$$

式中，v_t^{rel} 为相对速度的切向分量。

切向力与摩擦力$\mu_s F_n$有关，这里μ_s是静摩擦系数。

仿真中的滚动摩擦是非常重要的，它可以通过接触表面上的力矩来说明，即

$$T_i = -\mu_r F_n R_i \omega_i \tag{2.16}$$

式中，μ_r 为滚动摩擦系数；R_i 为质心到接触点的距离；ω_i 为接触点处物体的单位角速度矢量。

2. Hertz-Mindlin with Archard Wear 模型

Hertz-Mindlin with Archard Wear 模型是 EDEM 软件中标准的 Hertz-Mindlin(no slip)模型的扩展，它给出了几何体表面磨损深度的估计值。这个模型是基于 Archard 的磨损理论[3]，在理想状态下，几何体表面的材料去除体积和颗粒在材料表面移动时所做的摩擦功成正比。

Archard 等式为

$$Q = WF_n d_t \tag{2.17}$$

式中，Q 为材料去除体积；d_t 为切向移动距离；W 为磨损常数，可由式(2.18)得出：

$$W = \frac{K}{H} \tag{2.18}$$

式中，K 为无量纲常数；H 为材料表面硬度。EDEM 软件中输入的就是 W 值，更加简化了 EDEM 中参数的输入。

由于方程预测了材料被去除的体积，这里重新在 EDEM 软件中给每个单元一个深度：

$$h = \frac{Q}{A} \tag{2.19}$$

式中，A 为去除材料的面积。

3. JKR(Johnson-Kendall-Roberta)模型

JKR 模型是一种基于 JKR 理论[4]，研究黏结性颗粒的接触模型，适用于模拟细小和潮湿材料颗粒间的黏聚作用，用于分析含水率对煤散料流动性能的影响。该模型在 Hertz-Mindlin (no slip)接触模型的法向力的基础上增加了一个法向弹性力。JKR 物理模型如图 2.3 所示。

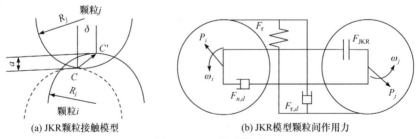

(a) JKR颗粒接触模型　　　　　　　　(b) JKR模型颗粒间作用力

图 2.3　JKR 物理模型

JKR 模型法向力为

$$F_{JKR} = -4\sqrt{\pi \gamma E^*} \alpha^{\frac{3}{2}} + \frac{4E^*}{3R^*} \alpha^3 \tag{2.20}$$

式中，F_{JKR} 为 JKR 模型法向力，N；γ 为表面能，J/m²。

2.1.3　离散元法与多体动力学耦合

只涉及单一的多体动力学或离散元法的仿真并不能与实际相一致。EDEM 软件只能实现部件的简单直线或旋转运动，不能模拟刚体部件的复杂运动。EDEM 软件中几何体的运动状态并不会受到颗粒系统和其他几何体的影响，具有一定的局限性。因此，单纯的 EDEM 软件模拟仿真与实际状态的工作过程存在不小差异。

融合计算机技术和经典力学发展而来的多体动力学，其关键在于动力学和运动学数学方程的构建及求解。由图 2.4 可以看出，方程的求解方法直接决定着结果，但面对复杂的动力学系统，模拟过程中存在极大的运算量，因此需要借助编写的程序或软件。

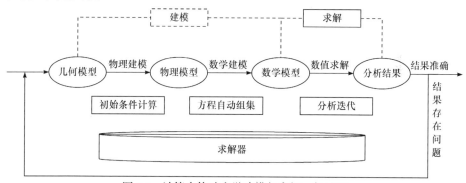

图 2.4　计算多体动力学建模与求解一般过程

采用 RecurDyn 软件进行多体动力学分析，该软件可通过几何体间的接触达到改变运动状态的目的，包含面与面接触、圆柱与圆柱外接触等[5]，其一般求解过程如图 2.5 所示。

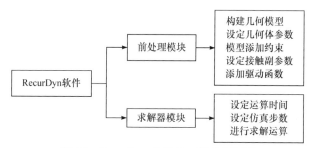

图 2.5　RecurDyn 软件的一般求解过程

随着离散元软件 EDEM 和多体动力学软件 RecurDyn 的不断改善，EDEM 2018 与 RecurDyn V9R1 之间能够交换各自的实时数据。这种技术不仅可以发挥 EDEM 软件优越的颗粒分析性能，而且能够展现 RecurDyn 软件在解决几何体间复杂运动和受力问题的作用。

EDEM 软件与 RecurDyn 软件的耦合可通过图 2.6 中的接口实现。二者耦合求解的一般过程如图 2.7 所示，EDEM 软件与 RecurDyn 软件之间的双向数据传输是以二者共用的刚体模型为桥梁的。RecurDyn 软件中设置的刚体运动形式通过.wall 文件共享至 EDEM 软件中。

图 2.6　EDEM 软件与 RecurDyn 软件的耦合模块

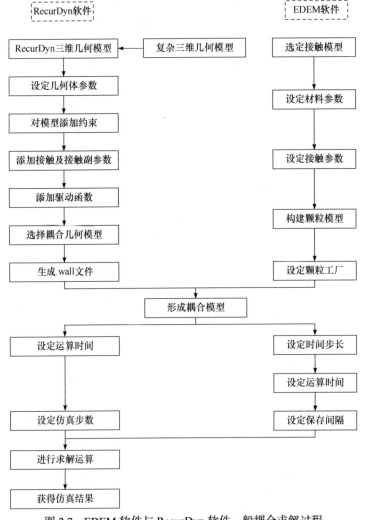

图 2.7　EDEM 软件与 RecurDyn 软件一般耦合求解过程

2.2 煤颗粒离散元参数测量

由 1.5.1 节和 2.1 节可知,仿真中离散元模型所需要设定的参数大致包含以下三类。

(1) 颗粒材料的本征参数:剪切模量、泊松比和密度。

(2) 接触参数:恢复系数、静摩擦系数和滚动摩擦系数。

(3) 接触模型参数:表面能(JKR 模型)和磨损常数(Hertz-Mindlin with Archard Wear 模型)。

2.2.1 几何尺寸测量

煤颗粒的几何尺寸主要包括形状和粒径。

由于实际工作过程中存在煤块破碎现象,所生产煤散料的粒径变化区间很大,为了获得试验所需的煤散料,利用图 2.8 中的试验筛对煤散料进行筛选。

图 2.8 试验筛

由于煤颗粒的形状并不统一,很难出现形状一模一样的煤颗粒,而且对每一种形状的煤颗粒均进行建模是不现实的,这样对计算机的计算性能有很大要求。因此,为了减少建模和仿真时间,在确保仿真不偏离实际的前提下,对形状较一致的煤颗粒进行分类,并统计每类煤颗粒的质量占比,最后通过 EDEM 软件进行煤颗粒模型的创建。

2.2.2 密度测量

煤颗粒的密度为单位体积煤颗粒的质量。本节采用排水试验(图 2.9)对密度进行测量。正常情况

图 2.9 密度测量装置
1. 量筒;2. 精密天平(精度:0.001g)

下，煤颗粒极难溶于水，需通过一系列的复杂操作才能制成产品，如水煤浆[6]等。试验过程简单、时间短，故可以忽略因溶于水而导致体积减小的影响。为降低试验误差，取 5 次重复试验结果的平均值。试验流程如下：

(1) 用量筒称取适量的水放在精密天平上，记录质量 m_1 和体积 V_1，单位分别为 kg 和 m³。

(2) 往量筒中加入适量表面洁净的煤颗粒，记录质量 m_2 和体积 V_2，单位分别为 kg 和 m³。

(3) 根据式(2.21)计算煤颗粒密度：

$$\rho = \frac{m_2 - m_1}{V_2 - V_1} \tag{2.21}$$

(4) 重复 5 次试验。

2.2.3 弹性/剪切模量测量

物体在同一方向上所受的应力与应变的比值为该材料的弹性模量。按照相关国家技术规定，本书采用单轴压缩试验测定煤块的弹性模量。

1. 试样制备过程

试验所用煤种为产于陕西省的长焰煤，根据《煤和岩石物理力学性质测定方法　第 7 部分：单轴抗压强度测定及软化系数计算方法》(GB/T 23561.7—2009)[7]规定，进行单轴压缩试验的材料样品需加工成直径 50mm、高 100mm 的圆柱体，其中圆柱体两端面的平行度误差不宜过大。

如图 2.10 所示，标准试样的加工步骤如下。

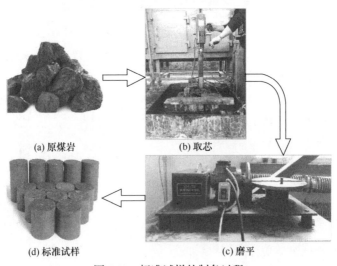

(a) 原煤岩　　　　(b) 取芯

(d) 标准试样　　　　(c) 磨平

图 2.10　标准试样的制备过程

(1) 取芯。筛选出质地紧密、完整的煤块，通过图 2.10(b)中的立式水钻获取直径 50mm 的煤芯，挑选合格的煤芯为下一步做准备。

(2) 磨平。通过图 2.10(c)中的打磨机获取长 100mm 的圆柱体试样(图 2.10(d))。

2. 单轴压缩过程

试验设备为图 2.11 所示的万能试验机。加载方式选择位移控制加载，当标准试样产生破坏时，停止试验。试样加载过程如图 2.12 所示。

图 2.11　万能试验机

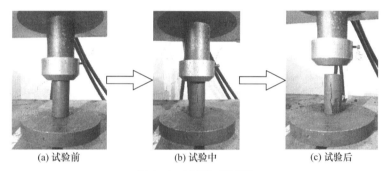

(a) 试验前　　　　　　(b) 试验中　　　　　　(c) 试验后

图 2.12　试样加载过程

对所得的应力-应变曲线中近似直线的范围进行线性拟合，煤块的弹性模量 E 等于所得拟合直线的斜率。通过式(2.22)即可计算得到煤颗粒的剪切模量 G 为

$$G = \frac{E}{2(1+\nu)} \tag{2.22}$$

2.2.4　恢复系数测量

在实际井下工作中，散料间、散料与矿山设备间的各种碰撞、挤压和弹射导致不同程度的煤岩破碎和机械故障，从而降低煤矿的经济效益。因此，研究煤岩的弹性碰撞特性可以为机械损伤和煤岩在矿山机械中运动规律的分析提供参考。

恢复系数为能够反映碰撞恢复能力的接触参数，通常用碰撞前后的瞬时法向速度的比值进行定义和表达[8]。恢复系数的准确性决定了离散元模拟中碰撞的特性，且影响着整体的宏观运动。

在第 1 章中，自由下落或斜板碰撞试验可以用来测量形状规则颗粒的恢复系数，如球形颗粒等。由于煤颗粒形状的不规则性，每次试验的碰撞反弹方向和高度均不一致，很难测得令人信服的数据。因此，在冯斌等[9]所采用的斜板碰撞试验的基础上进行了改进，搭建了如图 2.13 所示的试验平台。

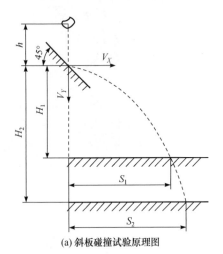
(a) 斜板碰撞试验原理图

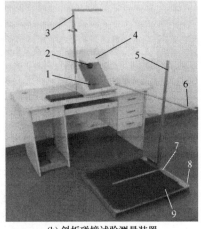
(b) 斜板碰撞试验测量装置

图 2.13　斜板碰撞试验原理图及测量装置
1. 耐磨钢板；2. 煤块；3. 下落高度标尺；4. 斜板；5. 垂度尺；
6. 水平位移尺 1；7. 水平位移尺 2；8. 接料板；9. 煤粉

在图 2.13(a)中，钢板的倾角为 45°，煤颗粒经过高度为 h 的自由下落后与钢板发生碰撞，碰撞后的煤颗粒做向下斜抛运动。理想情况下，可将该斜抛运动分解成速度为 V_X 的水平匀速运动和初速度为 V_Y、加速度为 g 的竖直匀变速运动。斜抛运动的运动关系表达式为

$$\begin{cases} S = V_X t \\ H = V_Y t + \dfrac{1}{2} g t^2 \end{cases} \tag{2.23}$$

式中，S 为斜抛运动的水平位移，m；H 为斜抛运动的竖直位移，m。

调整接料板的位置，得到两个不同高度下煤颗粒的水平位移 S_1、S_2 和竖直位移 H_1、H_2，通过式(2.24)计算得到斜抛运动的初速度，即碰撞后反弹的速度：

$$\begin{cases} V_X = \sqrt{\dfrac{g S_1 S_2 (S_1 - S_2)}{2(H_1 S_2 - H_2 S_1)}} \\ V_Y = \dfrac{H_1 V_X}{S_1} - \dfrac{g S_1}{2 V_X} \end{cases} \tag{2.24}$$

根据恢复系数的定义，可得恢复系数 C_r 为

$$C_r = \dfrac{V_n}{V_{0n}} = \dfrac{\sqrt{V_X^2 + V_Y^2} \cos\left(45° + \arctan \dfrac{V_Y}{V_X}\right)}{V_0 \sin 45°} \tag{2.25}$$

式中，V_n 为碰撞后法向速度，m/s；V_{0n} 为碰撞前法向速度，m/s；$V_0 = \sqrt{2gh}$，m/s。

利用图 2.13(b)中的测量装置进行预试验，发现不同下落高度下测定的恢复系数差异很小。将粘有煤块 2 的耐磨钢板 1 固定在斜板 4 上。调整固定在铁架台上的下落高度标尺 3，使每次试验的下落高度均为 500mm。结合垂度尺 5 和水平位移尺 7，直接读取水平位移尺的读数能够获得准确的水平位移。但为了试验数据更真实，试验所用煤块的形状不规则，导致做斜抛运动的煤颗粒最终并不会落在图 2.14(a)中的中心线上。针对这一问题，将图 2.14(a)中煤颗粒的水平位移 S 分解成水平位移尺 1 测量的 X 向水平位移 S_X 和水平位移尺 2 测量的 Z 向水平位移 S_Z，最后根据式(2.26)计算得到水平位移 S：

$$S = \sqrt{S_X^2 + S_Z^2} \tag{2.26}$$

为了更准确地捕捉煤块的落点，在不影响测量结果的前提下，接料板的表面上放置一层较薄的煤粉，如图 2.14(b)所示。

通过上述试验装置，使煤块分别与图 2.13(b)中的耐磨钢板 1 和图 2.14(c)中的圆柱煤块发生碰撞，计算得到煤-钢恢复系数和煤-煤恢复系数。

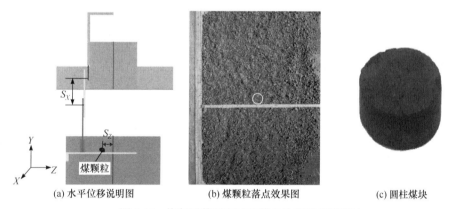

(a) 水平位移说明图　　　　　(b) 煤颗粒落点效果图　　　　　(c) 圆柱煤块

图 2.14　恢复系数测定试验落点分析及碰撞煤块

2.2.5　静摩擦系数测量

离散元法中的静摩擦系数是可以反映相对运动特性的接触参数。当颗粒与颗粒、颗粒与几何体之间存在相对运动或运动趋势时，产生的静摩擦力影响着接触物体之间的切向力。在实际井下工作过程中，产出的煤散料中极少部分具有较规则的外形，导致实际工程中发生的摩擦大部分为静摩擦。为了获得与实际较为相符的仿真结果，需要对静摩擦系数进行准确的测量。

　　由 1.5.1 节可知，国内外学者采用许多不同的方法和试验装置来测量静摩擦系数。综合考虑，构建图 2.15 所示的斜面抬升试验装置来进行测定。整个试验装置十分简单，主要由 7 个部件构成。其中斜板 2 是由两块平滑木板通过合页铰接而成的，选取导程较小的丝杠 4 可以使测量结果更为精确。斜板 2 和丝杠 4 通过 G 型夹 6 固定。为了降低滑块冲击力对试验数据的影响，在斜板 2 下面的木板上增添了适合推块滑动的滑道 7。

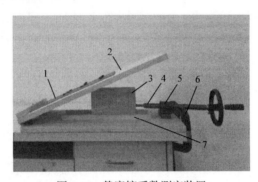

图 2.15　静摩擦系数测定装置
1. 耐磨钢板；2. 斜板；3. 推块；4. 丝杠；5. 丝杠螺母；6. G 型夹；7. 滑道

　　试验的原理和流程为：首先将放有煤块的耐磨钢板 1 固定在斜板 2 上；然后慢慢地转动手轮，推块 3 对斜板 2 产生推力作用，使斜板 2 缓慢地抬升；当煤块开始滑动或存在滑动趋势时，停止转动手轮，这时丝杠 4 完成了自锁，斜板 2 不会产生晃动；最后测量此时斜板 2 的倾角，静摩擦系数等于倾角的正切值。试验需注意，当钢板上的煤块发生滚动时，应立即停止并重新开始试验。

　　该装置仅适合煤颗粒与耐磨钢板之间静摩擦系数的测定，煤颗粒之间的静摩擦系数需要通过仿真与试验相结合的方式来标定。

2.2.6　滚动摩擦系数测量

　　离散元法中的滚动摩擦系数是能够反映相对运动特性的接触参数。当颗粒与颗粒、颗粒与几何体之间存在滚动或滚动趋势时，产生的滚动摩擦力对离散体的宏观状态有着较大的影响。为了获得与真实情况较吻合的仿真结果，准确测量滚动摩擦系数是十分必要的。

　　关于测定滚动摩擦系数，1.5.1 节中所提到的试验方法大部分适用于农业领域，并不适用于煤矿领域。这是因为形状不规则的煤颗粒很难产生滚动运动，尤其是纯滚动，而且煤颗粒在滚动时常产生跳动等不利于测量的状况。因此，滚动摩擦系数需要采用仿真与试验相结合的方法来标定。

2.3 煤颗粒接触参数对散料流动特性的影响

2.3.1 离散元仿真模型构建

1. 煤颗粒模型构建

为了对不规则外形的煤颗粒进行离散元模型的构建，本书采用多球面填充方法构建颗粒模型并进行仿真，可以加快计算接触的时间，从而缩短仿真的时间。通过图 2.8 所示的试验筛对预加工的煤散料进行筛选，所得煤散料的粒径均在 6～8mm 内。根据外形将 500g 的煤散料分为扁平状、类锥状和类块状，每类对应的质量分别为 75g、120g、305g。按照每类煤散料的实际形状，在 EDEM 软件中构建如图 2.16 所示的模型，根据上述质量分布生成每种煤颗粒模型的质量。

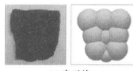

(a) 扁平状　　　　　　　　(b) 类锥状　　　　　　　　(c) 类块状

图 2.16 煤颗粒模型形状

2. 堆积试验仿真模型构建

为了防止煤颗粒的大量飞溅，通过预试验确定落料高度为 130mm。图 2.17 为漏斗的尺寸图和三维模型。

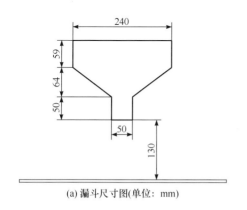 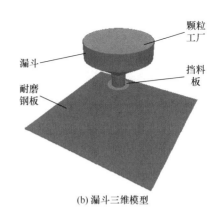

(a) 漏斗尺寸图(单位: mm)　　　　　　　(b) 漏斗三维模型

图 2.17 堆积试验仿真模型

煤散料堆积仿真过程如图 2.18 所示，首先圆形颗粒工厂 3 在漏斗 2 内产生

1kg 的煤颗粒。经过一段时间的静置稳定后，挡料板 4 迅速离开，煤散料开始下落并在耐磨钢板 1 上形成堆积。整个过程大概可分成生成、静置、下落和堆积四个阶段。

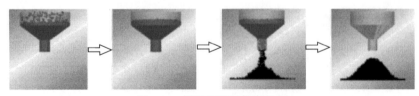

图 2.18　煤散料堆积仿真过程

3. 堆积角测量

漏斗试验中出现的顶端截断、凹形表面和凸形表面等状况[10]会使颗粒堆的边界不均匀，尤其在煤散料的漏斗试验中更为明显。因此，利用 EDEM 软件后处理测得的堆积角数据并不能满足精确度要求。为了获取精度更高的试验结果，可以通过 MATLAB 图像处理技术测量堆积角[10,11]。

本书从散料堆四个方向的截图进行图像处理，主要步骤如下：

(1) 截取左侧图像。该过程应注意截图的一致性。在 EDEM 软件的后处理过程中加入基准面，以保证每次截取的图像幅面大小相同。处理方法是在后处理中添加基准面(即图 2.19 中所示的线)，然后截取左侧图像。

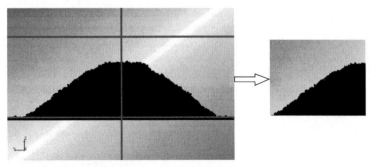

图 2.19　截图标准化处理过程

(2) 通过 MATLAB 软件打开左侧图像(图 2.20(a))，然后对该图像进行如图 2.20(b)所示的灰度和二值化处理。

(3) 对上述步骤生成的图像进行边界点的选取，并对边界点进行线性拟合(图 2.20(c))。堆积角表达式为[12]

$$\theta = \frac{\arctan|k| \times 180°}{\pi} \tag{2.27}$$

式中，θ 为煤堆的堆积角，(°)；k 为斜率。

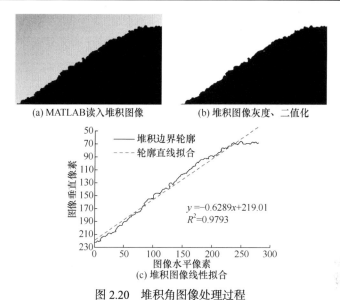

(a) MATLAB 读入堆积图像　　　　　　(b) 堆积图像灰度、二值化

(c) 堆积图像线性拟合

图 2.20　堆积角图像处理过程

2.3.2　基于 Plackett-Burman 试验设计的模拟参数显著性

1. Plackett-Burman 试验设计及结果

Plackett-Burman 试验，又称筛选试验，可以用来筛选具有主效应的因素，考察 K 个因素的影响效应需要进行 $K+1$ 次试验[13]。如果因素的高低水平的差值过大，极有可能会忽视其他因素的影响效应；但如果因素的高低水平的差值过小，将无法反映该因素的影响效应。因此，高低水平的取值要有所依据。另外，在设计 Plackett-Burman 试验时，需设置一些分布均匀的虚拟变量来估计误差。表 2.1 为本书的 Plackett-Burman 试验参数列表。

表 2.1　Plackett-Burman 试验参数列表

符号	仿真参数	低水平	高水平
X_0	煤-煤表面能	0.006	0.012
X_1	煤-煤恢复系数	0.4	0.7
X_2	煤-煤静摩擦系数	0.15	0.4
X_3	煤-煤滚动摩擦系数	0.02	0.05
X_4	煤-钢恢复系数	0.4	0.7
X_5	煤-钢静摩擦系数	0.4	0.6
X_6	煤-钢滚动摩擦系数	0.02	0.05
A, B, C, D	虚拟因素	−1	+1

Plackett-Burman 试验采用 Design-Expert 软件设计，共 11 个因素，包括 7 个真实因素和 4 个虚拟因素。除表面能外的 6 个真实因素的高低水平取值参考文献[14]和[15]，而表面能受多种因素的作用需通过漏斗试验确定。当漏斗试验所用颗粒的粒径为 6~8mm 时，表面能低于 $0.015J/m^2$。

Plackett-Burman 试验设计及结果如表 2.2 所示。

表 2.2　Plackett-Burman 试验设计及结果

序号	$X_0/(J/m^2)$	X_1	A	X_2	X_3	B	X_4	X_5	C	X_6	D	堆积角/(°)
1	0.006	0.40	1	0.15	0.05	1	0.40	0.60	1	0.05	−1	33.22
2	0.012	0.40	−1	0.15	0.05	−1	0.70	0.60	−1	0.05	1	34.34
3	0.006	0.70	1	0.15	0.05	1	0.70	0.40	−1	0.02	1	29.77
4	0.012	0.70	−1	0.40	0.05	1	0.40	0.40	−1	0.05	−1	39.10
5	0.012	0.70	−1	0.15	0.02	1	0.40	0.60	1	0.02	1	30.51
6	0.012	0.40	1	0.40	0.02	1	0.70	0.60	−1	0.02	−1	38.69
7	0.012	0.40	1	0.40	0.05	−1	0.40	0.40	1	0.02	1	39.94
8	0.012	0.70	1	0.15	0.02	−1	0.70	0.40	1	0.05	−1	28.56
9	0.006	0.70	1	0.40	0.02	−1	0.40	0.60	−1	0.05	1	37.63
10	0.006	0.40	−1	0.40	0.02	1	0.70	0.40	1	0.05	1	36.63
11	0.006	0.40	−1	0.15	0.02	−1	0.40	0.40	−1	0.02	−1	27.82
12	0.006	0.70	−1	0.40	0.05	−1	0.70	0.60	1	0.02	−1	39.78

2. Plackett-Burman 试验结果分析

从表 2.3 可以看出，决定系数 $R^2=0.9989$，$R_{adj}^2=0.9970$，均非常接近于 1，反映出该模型的相关性较好；变异系数 CV=0.72%，很小；精确度为 58.071。因此，该模型具有较高的可靠性和准确性，可以用来解释各种因素对响应值的影响。

从表 2.3 和帕累托图(图 2.21)可以看出，对堆积角影响显著的因素有 X_2、X_3、X_5 和 X_0，其他因素的影响均不显著，且影响率均小于 1%。显著因素的显著性顺序为 $X_2 > X_3 > X_5 > X_0$，其中，因素 X_2 的影响率为 81.24%，远远大于其他因素的影响率。另外，煤-煤摩擦系数的影响率大于煤-钢摩擦系数的影响率，产生这种结果的原因主要是在漏斗试验的过程中，煤颗粒间的接触多于煤与钢板间的接触；静摩擦系数的影响率大于滚动摩擦系数的影响率，该结论与 Yan 等[16]得出的结论相同，但与 Zhou 等[17-19]得出的结论相反，出现这种情况的原因主要是 Zhou 等采用的是更易发生滚动的球形颗粒。

表 2.3　Plackett-Burman 试验参数显著性分析

参数	效应	均方和	影响率/%	显著性排序
X_0	1.10	3.63	1.59	4
X_1	−0.83	2.07	0.90	5
X_2	7.87	185.97	81.24	1
X_3	2.77	23.02	10.06	2
X_4	−0.13	0.048	0.021	7
X_5	2.11	13.36	5.83	3
X_6	0.44	0.59	0.26	6

$R^2=0.9989$，$R^2_{adj}=0.9970$，CV=0.72%，精确度=58.071

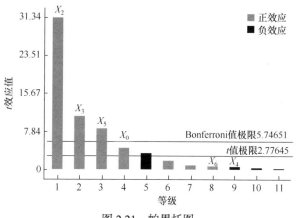

图 2.21　帕累托图

2.3.3　接触参数对堆积特性的单因素效应

　　为了获取单个因素更精确的影响效应，基于 Plackett-Burman 试验所得结论，对各因素进行单因素试验。为缩短单因素仿真试验的时间，剔除质量占比较小的煤颗粒模型，只采用类块状模型进行仿真研究。

　　为了获取煤-钢接触因素对堆积特性的单因素影响效应，选取图 2.17 所示的漏斗试验，其中每个接触参数选取 5 个水平；为了获取煤-煤接触因素对堆积特性的单因素影响效应，选取图 2.22 所示的漏斗试验，其中每个接触参数选取 3 个水平。这两种试验的主要区别是：图 2.17 中的煤散料是在耐磨钢板上堆积的，而图 2.22 中的煤散料是在煤颗粒上堆积的。通过查阅相关文献[14,15]，离散元参数根据表 2.4 和表 2.5 设置。根据粒径为 5mm 的颗粒漏斗仿真试验结果，发现该粒径下的表面能均小于 0.45J/m²。

图 2.22　在颗粒上堆积试验

1. 接料圆盘；2. 颗粒工厂1；3. 挡料板；4. 颗粒工厂2；5. 漏斗

表 2.4　材料本征参数

材料	密度/(kg/m³)	泊松比	剪切模量/Pa
煤	1500	0.3	$2×10^8$
钢	7800	0.3	$8×10^{10}$

表 2.5　接触参数

接触类型	恢复系数	静摩擦系数	滚动摩擦系数
煤-煤	0.5	0.6	0.05
煤-钢	0.5	0.4	0.05

　　通过对比同一因素不同水平下的堆积轮廓、落料时间和堆积角，考察该因素的单因素影响效应。通过 EDEM 软件后处理分析在漏斗的下端面处放置图 2.23 中合适大小的质量流率传感器，获取落料的时间。

(a) 传感器设置

质量流率传感器
(128644kg/s)

质量流率传感器
(13811kg/s)

(b) 颗粒上堆积　　　　　　　(c) 钢板上堆积

图 2.23　添加质量流率传感器

1. 煤-煤表面能对堆积特性的单因素效应

漏斗试验设计及结果如表 2.6 所示，根据式(2.28)即可计算得到不同表面能下的堆积角差异：

$$\eta = \frac{\theta_{\max} - \theta_{\min}}{\theta_{\max}} \times 100\% \tag{2.28}$$

表 2.6　不同煤-煤表面能下的堆积角

煤-煤表面能 /(J/m²)	不同方向图片堆积边界拟合直线的斜率				平均斜率	堆积角/(°)
	0°	90°	180°	270°		
0	−0.6640	−0.6249	−0.6564	−0.6741	−0.6549	33.23
0.01	−0.6509	−0.6739	−0.6959	−0.6698	−0.6726	33.92
0.1	−0.6953	−0.6974	−0.7166	−0.7425	−0.7130	35.49
0.2	−0.7328	−0.7486	−0.7758	−0.7690	−0.7566	37.11
0.4	−0.7905	−0.8008	−0.7906	−0.7822	−0.7910	38.35

从表 2.6 可以看出，堆积角与煤-煤表面能呈正相关，且堆积角差异为 13.35%。出现这种结果的主要原因是：在 JKR 接触模型中，颗粒间的黏结力与表面能呈正相关，从而降低了煤颗粒间的流动特性，颗粒不易产生运动。因此，煤-煤表面能对堆积特性的影响较为显著。

2. 煤-煤恢复系数对堆积特性的单因素效应

漏斗试验设计及结果如表 2.7 所示，根据式(2.28)即可计算得到不同煤-煤恢复系数下的堆积角差异。

表 2.7　不同煤-煤恢复系数下的堆积角

煤-煤恢复系数	不同方向图片堆积边界拟合直线的斜率				平均斜率	堆积角/(°)
	0°	90°	180°	270°		
0.3	−0.6863	−0.6918	−0.6835	−0.6884	−0.6875	34.51
0.4	−0.6473	−0.6711	−0.6673	−0.6583	−0.6610	33.46
0.5	−0.6756	−0.6411	−0.6349	−0.6505	−0.6505	33.04
0.6	−0.6754	−0.6475	−0.6477	−0.6532	−0.6560	33.26
0.7	−0.6472	−0.6593	−0.6470	−0.6438	−0.6493	33.00

从表 2.7 可以看出，堆积角差异为 4.38%，该差异基本可以忽略不计，煤-煤恢复系数对堆积特性几乎不存在影响。

3. 煤-煤静摩擦系数对堆积特性的单因素效应

漏斗试验设计及结果如表 2.8 所示，根据式(2.28)即可计算得到不同煤-煤静摩擦系数下的堆积角差异。

表 2.8　不同煤-煤静摩擦系数下的堆积角

煤-煤静摩擦系数	不同方向图片堆积边界拟合直线的斜率				平均斜率	堆积角/(°)
	0°	90°	180°	270°		
0.1	−0.4110	−0.4132	−0.4137	−0.4071	−0.4113	22.36
0.2	−0.5386	−0.5052	−0.4961	−0.5200	−0.5150	27.25
0.3	−0.5904	−0.5798	−0.5931	−0.6100	−0.5933	30.68
0.5	−0.6348	−0.6552	−0.6420	−0.6386	−0.6427	32.73
0.7	−0.6583	−0.6439	−0.6370	−0.6743	−0.6534	33.16

从表 2.8 可以看出，堆积角随煤-煤静摩擦系数的增加而增大，且变化趋势较大。这是由于随着煤-煤静摩擦系数的增大，煤颗粒间流动性变差，颗粒下落后不易向周围流动，导致堆积角增大。

4. 煤-煤滚动摩擦系数对堆积特性的单因素效应

漏斗试验设计及结果如表 2.9 所示，根据式(2.28)即可计算得到不同煤-煤滚动摩擦系数下的堆积角差异。

表 2.9　不同煤-煤滚动摩擦系数下的堆积角

煤-煤滚动摩擦系数	不同方向图片堆积边界拟合直线的斜率				平均斜率	堆积角/(°)
	0°	90°	180°	270°		
0.01	−0.5520	−0.5722	−0.5441	−0.5388	−0.5518	28.89
0.03	−0.6268	−0.6298	−0.5976	−0.5975	−0.6129	31.50
0.05	−0.6756	−0.6411	−0.6349	−0.6505	−0.6505	33.04
0.07	−0.6972	−0.7275	−0.7437	−0.7078	−0.7191	35.72
0.09	−0.7477	−0.7652	−0.7584	−0.7418	−0.7533	36.99

从表 2.9 可以看出，堆积角与煤-煤滚动摩擦系数呈正相关，且堆积角差异为21.9%，差异很大。出现这种结果的主要原因是：颗粒间的流动特性与煤-煤滚动摩擦系数呈负相关，颗粒运动随着流动特性的减弱而变得更难。因此，煤-煤滚动摩擦系数对堆积特性的影响较为显著。

5. 煤-钢恢复系数对堆积特性的单因素效应

漏斗试验设计及结果如表 2.10 所示，根据式(2.28)即可计算得到不同煤-钢恢复系数下的堆积角差异。

表 2.10 不同煤-钢恢复系数下的堆积角

煤-钢恢复系数	不同方向图片堆积边界拟合直线的斜率				平均斜率	堆积角/(°)
	0°	90°	180°	270°		
0.3	−0.6860	−0.6834	−0.6722	−0.6580	−0.6749	34.02
0.4	−0.6592	−0.6523	−0.6593	−0.6553	−0.6565	33.28
0.5	−0.6640	−0.6249	−0.6564	−0.6741	−0.6549	33.23
0.6	−0.6797	−0.6611	−0.6647	−0.6640	−0.6674	33.72
0.7	−0.6826	−0.6963	−0.6639	−0.6600	−0.6757	34.05

从表 2.10 可以看出，堆积角差异为 2.41%，该差异基本可以忽略不计，煤-钢恢复系数对堆积特性几乎不存在影响。

6. 煤-钢静摩擦系数对堆积特性的单因素效应

漏斗试验设计及结果如表 2.11 所示，根据式(2.28)即可计算得到不同煤-钢静摩擦系数下的堆积角差异。

表 2.11 不同煤-钢静摩擦系数下的堆积角

煤-钢静摩擦系数	不同方向图片堆积边界拟合直线的斜率				平均斜率	堆积角/(°)
	0°	90°	180°	270°		
0.2	−0.4715	−0.4361	−0.4362	−0.4539	−0.4494	24.20
0.3	−0.6281	−0.6205	−0.6198	−0.6156	−0.6210	31.84
0.4	−0.6756	−0.6411	−0.6349	−0.6505	−0.6505	33.04
0.5	−0.6883	0.6679	−0.6982	−0.6877	−0.6855	34.43
0.6	−0.7114	−0.7125	−0.7341	−0.7281	−0.7215	35.81

从表 2.11 可以看出，堆积角与煤-钢静摩擦系数呈正相关，且堆积角差异为 32.42%，差异极大。出现这种结果的主要原因是：随着煤-钢静摩擦系数的增大，颗粒与钢板间的流动特性逐渐降低，进而致使颗粒运动更加困难。因此，煤-钢静摩擦系数对堆积特性的影响极为显著。

7. 煤-钢滚动摩擦系数对堆积特性的单因素效应

漏斗试验设计及结果如表 2.12 所示，根据式(2.28)即可计算得到不同煤-钢滚动摩擦系数下的堆积角差异。

表 2.12　不同煤-钢滚动摩擦系数下的堆积角

煤-钢滚动摩擦系数	不同方向图片堆积边界拟合直线的斜率				平均斜率	堆积角/(°)
	0°	90°	180°	270°		
0.03	−0.5622	−0.5932	−0.5952	−0.5887	−0.5848	30.32
0.05	−0.5940	−0.5726	−0.5880	−0.6032	−0.5895	30.52
0.07	−0.5686	−0.5829	−0.5764	−0.5832	−0.5778	30.02

从表 2.12 可以看出，堆积角差异为 1.64%，该差异基本可以忽略不计。出现这种结果的主要原因为：与钢板接触的煤颗粒数量较少，且很难产生滚动运动。因此，煤-钢滚动摩擦系数对堆积特性几乎不存在影响。

2.4　本 章 小 结

本章首先对离散元法的基本理论进行了介绍，然后对每个参数的测定方法进行了详细讨论，最后采用 Plackett-Burman 与单因素试验得到各因素对堆积特性的显著性和显著性顺序：煤-煤静摩擦系数>煤-煤滚动摩擦系数>煤-钢静摩擦系数>煤-煤表面能，剩余因素影响极不显著；其中煤-煤静摩擦系数的影响率要远远大于其余因素的影响率。

参 考 文 献

[1] Hertz H. On the contact of elastic solids. Journal fur die Reine und Angewandte Mathematik Math, 1880, 92: 156-171.

[2] Mindlin R D, Deresiewicz H. Elastic spheres in contact under varying oblique forces. Journal of Applied Mechanics: Transactions of the ASME, 1953, 20(3): 327-344.

[3] Archard J F. Contact and rubbing of flat surfaces. Journal of Applied Physics, 1953, 24(8): 981-988.

[4] Johnson K L, Kendall K, Roberts A D. Surface energy and the contact of elastic solid. Proceedings of the Royal Society London A, 1971, 324(1558): 301-313.

[5] 刘义, 徐恺, 李济顺. RecurDyn 多体动力学仿真基础应用与提高. 北京: 电子工业出版社, 2013.

[6] 吴坤泰. 高浓度水煤浆(CWM)制备技术的探讨. 煤炭工程, 2002, (3): 38-41.

[7] 中国煤炭工业协会. 煤和岩石物理力学性质测定方法　第 7 部分: 单轴抗压强度测定及软化系数计算方法(GB/T 23561.7—2009). 北京: 中国标准出版社, 2009.

[8] 葛藤, 贾智宏, 周克栋. 计算点接触碰撞恢复系数的一种理论模型. 机械设计与研究, 2007, 23(3): 14-15,22.

[9] 冯斌, 孙伟, 石林榕, 等. 收获期马铃薯块茎碰撞恢复系数测定与影响因素分析. 农业工程学报, 2017, 33(13): 50-57.

[10] Frączek J, Złobecki A, Zemanek J. Assessment of angle of repose of granular plant material using computer image analysis. Journal of Food Engineering, 2007, 83(1): 17-22.

[11] 贾富国, 韩燕龙, 刘扬, 等. 稻谷颗粒物料堆积角模拟预测方法. 农业工程学报, 2014, 30(11): 254-260.

[12] Frankowski P, Morgeneyer M. Calibration and validation of DEM rolling and sliding friction coefficients in angle of repose and shear measurements. American Institute of Physics, 2013, 1542(1): 851-854.

[13] Plackett R L, Burman J P. The design of optimum multifactorial experiments. Biometrika, 1946, 33(4): 305-325.

[14] 王国强, 郝万军, 王继新. 离散单元法及其在 EDEM 上的实践. 西安: 西北工业大学出版社, 2010.

[15] Mei L, Hu J Q, Yang J M, et al. Research on parameters of EDEM simulations based on the angle of repose experiment. IEEE 20th International Conference on Computer Supported Cooperative Work in Design, Nanchang, 2016: 570-574.

[16] Yan Z, Wilkinson S K, Stitt E H, et al. Discrete element modelling (DEM) input parameters: Understanding their impact on model predictions using statistical analysis. Computational Particle Mechanics, 2015, 2(3): 283-299.

[17] Zhou Z Y, Zou R P, Pinson D, et al. Angle of repose and stress distribution of sandpiles formed with ellipsoidal particles. Granular Matter, 2014, 16(5): 695-709.

[18] Zhou Y C, Xu B H, Yu A B, et al. An experimental and numerical study of the angle of repose of coarse spheres. Powder Technology, 2002, 125(1): 45-54.

[19] Zhou Y C, Wright B D, Yang R Y, et al. Rolling friction in the dynamic simulation of sandpile formation. Physica A: Statistical Mechanics and its Applications, 1999, 269(2-4): 536-553.

第3章 煤颗粒离散元模型参数标定与分析

剪切模量、密度、泊松比、煤-钢恢复系数、煤-钢静摩擦系数和煤-煤恢复系数可以采用试验测量，而其他参数需要结合仿真与试验来虚拟标定，可以通过响应面分析法(response surface methodology，RSM)来设计标定试验。响应面分析法能够在各因素的取值范围内寻找最佳的因素组合，主要包含中心复合设计和Box-Behnken设计。在因素数量相同的条件下，相比其他学者所采用的中心复合设计方法[1,2]，本书采用的Box-Behnken设计方法的设计点较少，运行成本低。

本章包括干煤散料和不同含水率湿煤散料参数的标定，其中干煤散料参数标定的求解流程图如图3.1所示。

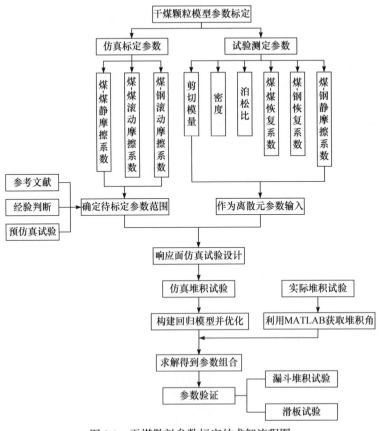

图 3.1 干煤散料参数标定的求解流程图

3.1　干煤散料离散元参数

3.1.1　煤颗粒离散元模型设置

1. 粒径分布设置

使用图 2.16 中的三类煤颗粒模型，按照第 2 章统计的比例生成 1kg 不同类别的煤颗粒。通过 EDEM 软件的工厂部分对生成煤散料的粒径进行设定(图 3.2)，其中实际半径(6~8mm)与模型半径的最小比值和最大比值参考表 3.1 设置。

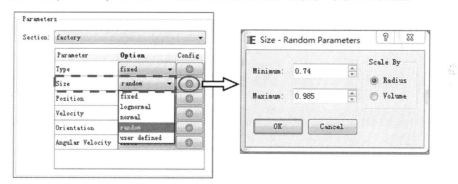

图 3.2　颗粒模型尺寸设置

表 3.1　颗粒模型尺寸分布

形状	尺寸/mm	最小比值	最大比值	质量/g
扁平状	8.11563	0.74	0.985	150
类锥状	8.62856	0.696	0.927	240
类块状	8.38216	0.716	0.954	610

2. 接触模型选择

EDEM 软件内置许多颗粒接触模型，不同的接触情况和颗粒材料对接触模型的要求也不同。其中，Hertz-Mindlin(no slip)模型具有较高的模拟精度和较快的模拟速度，被广泛应用于散体物料的数值模拟[3-5]。本节的主要内容为干煤颗粒参数的标定，干煤颗粒间不存在黏聚力等作用，故采用 Hertz-Mindlin(no slip)模型，但在 3.2 节中采用 JKR 模型。

3.1.2　试验法测定煤颗粒参数

1. 剪切模量

通过单轴压缩试验得到了图 3.3 所示的应力-应变曲线，对曲线中近似直线的

区域 AB 进行线性拟合处理，拟合方程的决定系数 $R^2=0.9975 \approx 1$，说明 AB 段可以通过该拟合直线表示。弹性模量 E 等于该方程的斜率，即 1258.5MPa。由文献[6]和 EDEM 材料数据库可知，煤岩材料的泊松比等于 0.3，根据式(2.22)计算得到煤岩的剪切模量为 4.8×10^8Pa。

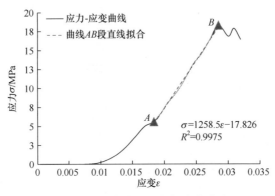

图 3.3　煤岩单轴压缩应力-应变曲线

2. 密度

排水法试验的结果见表 3.2，根据式(2.21)计算得到 5 次试验的密度，取平均值得到密度为 1229kg/m³。

表 3.2　密度试验数据记录

序号	加入煤散料前量筒参数		加入煤散料后量筒参数		密度/(kg/m³)
	质量 m_1/g	体积 V_1/mL	质量 m_2/g	体积 V_2/mL	
1	125.046	51	132.516	57	1245
2	135.120	60	143.478	67	1194
3	145.569	70	156.486	79	1213
4	112.082	37	120.743	44	1237
5	124.914	50	131.197	55	1257

3. 煤-钢恢复系数

煤颗粒的不规则外形使试验结果存在一定的误差，为了降低这种误差，准备 150～180 颗煤粒进行下落高度分别为 $h_1=500$mm、$h_2=300$mm 和 $h_3=200$mm 的斜板碰撞试验，其中下落高度为 $h_1=500$mm 时的试验结果如表 3.3 和表 3.4 所示。

对 S_1 和 S_2 的数据排序，排序结果如表 3.5 所示。根据排序后相邻数据的差值，去掉差值较大的不合理数据，如 S_1 中的 838.9、S_2 中的 484.2 和 876.7，计算

得到 S_1 剩余数据的平均值为 606.4mm，S_2 剩余数据的平均值为 679.2mm，再根据式(2.24)和式(2.25)计算煤-钢恢复系数。

表 3.3　位移 S_1 相关数据记录(下落高度 h_1=500mm，竖直位移 H_1= 663mm)

序号	S_X/mm	S_Z/mm	S_1/mm	序号	S_X/mm	S_Z/mm	S_1/mm
1	830	−122	838.9	33	588	163	610.2
2	777	165	794.3	34	588	−33	588.9
3	772	−61	774.4	35	588	−89	594.7
4	747	149	761.7	36	584	104	593.2
5	735	−86	740.0	37	576	0	576.0
6	729	133	741.0	38	576	−112	586.8
7	713	−172	733.5	39	572	−142	589.4
8	707	−84	712.0	40	572	89	578.9
9	693	−246	735.4	41	572	154	592.4
10	687	−183	711.0	42	570	−72	574.5
11	680	−20	680.3	43	548	60	551.3
12	676	−212	708.5	44	546	11	546.1
13	674	76	678.3	45	543	−97	551.6
14	669	−183	693.6	46	534	−22	534.5
15	666	−57	668.4	47	534	135	550.8
16	658	86	663.6	48	524	141	542.6
17	656	−153	673.6	49	524	66	528.4
18	651	−80	655.9	50	514	14	514.2
19	651	−100	658.6	51	516	−53	518.7
20	652	36	653.6	52	513	−184	545.0
21	661	223	697.6	53	508	−89	515.7
22	655	202	685.4	54	497	63	501.0
23	651	−132	664.2	55	486	139	505.5
24	643	−204	674.6	56	484	77	490.1
25	635	136	649.4	57	478	−19	478.4
26	635	27	635.6	58	474	−85	481.6
27	626	116	636.7	59	466	−23	466.6
28	622	−39	623.2	60	465	−74	470.9
29	617	94	624.1	61	461	113	474.6
30	604	18	604.3	62	461	−22	461.5
31	603	177	628.4	63	460	−73	465.8
32	593	−32	593.9	64	453	121	468.9

表 3.4　位移 S_2 相关数据记录(下落高度 h_1=500mm，竖直位移 H_2=876mm)

序号	S_X/mm	S_Z/mm	S_2/mm	序号	S_X/mm	S_Z/mm	S_2/mm
1	875	−54	876.7	26	654	−46	655.6
2	839	−28	839.5	27	651	105	659.4
3	824	86	828.5	28	651	130	663.9
4	802	75	805.5	29	646	−162	666.0
5	797	−158	812.5	30	646	−183	671.4
6	783	244	820.1	31	631	−133	644.9
7	763	−83	767.5	32	631	−235	673.3
8	754	−36	754.9	33	619	12	619.1
9	754	−206	781.6	34	620	−50	622.0
10	754	51	755.7	35	609	−174	633.4
11	753	207	780.9	36	609	120	620.7
12	746	−79	750.2	37	596	11	596.1
13	746	−226	779.5	38	596	−94	603.4
14	732	−129	743.3	39	596	−104	605.0
15	726	−61	728.6	40	589	36	590.1
16	721	105	728.6	41	584	103	593.0
17	708	−89	713.6	42	580	21	580.4
18	709	−185	732.7	43	565	85	571.4
19	696	37	697.0	44	567	212	605.3
20	696	116	705.6	45	561	98	569.5
21	693	−30	693.6	46	554	−66	557.9
22	688	−131	700.4	47	552	−97	560.5
23	690	186	714.6	48	539	−95	547.3
24	675	−33	675.8	49	518	54	520.8
25	668	27	668.5	50	467	−128	484.2

　　从表 3.5 可以看出，S_1 和 S_2 的极差分别为 332.8mm 和 318.7mm，说明 S_1 和 S_2 测量的精度基本相同。因此，假设大部分的颗粒落在直径大约为 330mm 的圆内。通过获取图 2.17 所示的堆积试验中散料堆的范围来验证该假设。通过 EDEM 软件的后处理分析，在散料堆周围添加直径为 330mm、总边数为 100 的几何仓 (图 3.4)，添加后的几何仓如图 3.5 所示。由图 3.5(b)可以发现，几何仓几乎包含了整个散料堆。通过后处理对几何仓内的颗粒数量进行统计，发现几何仓包含总颗粒数 15186 中的 15085 个，涵盖率高达 99.3%。说明以上假设是正确的，从而证明试验所得的恢复系数是可靠的。

表 3.5　位移 S_1 和 S_2 的数据排序

H_1= 663mm 时，位移 S_1/mm				H_2= 876mm 时，位移 S_2/mm		
461.5	542.6	604.3	678.3	484.2	633.4	728.6
465.8	545.0	610.2	680.3	520.8	644.9	732.7
466.6	546.1	623.2	685.4	547.3	655.6	743.3
468.9	550.8	624.1	693.6	557.9	659.4	750.2
470.9	551.3	628.4	697.6	560.5	663.9	754.9
474.6	551.6	635.6	708.5	569.5	666.0	755.7
478.4	574.5	636.7	711.0	571.4	668.5	767.5
481.6	576.0	649.4	712.0	580.4	671.4	779.5
490.1	578.9	653.0	733.5	590.1	673.3	780.9
501.0	586.8	655.9	735.4	593.0	675.8	781.6
505.5	588.9	658.6	740.0	596.1	693.6	805.5
514.2	589.4	663.6	741.0	603.4	697.0	812.5
515.7	592.4	664.2	761.7	605.0	700.4	820.1
518.7	593.2	668.4	774.4	605.3	705.6	828.5
528.1	593.9	673.6	794.3	619.1	713.6	839.5
534.5	594.7	674.6	838.9	620.7	714.6	876.7
				622.0	728.6	

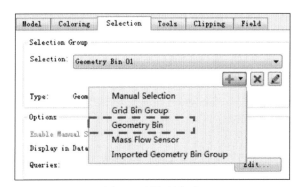

图 3.4　添加几何仓

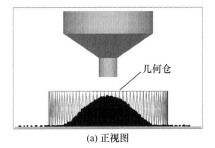

(a) 正视图　　　　　　　　(b) 俯视图

图 3.5　在漏斗模型中添加几何仓

对下落高度分别为 300mm 和 200mm 的试验数据进行上述处理，最后计算得到煤-钢恢复系数的平均值为 0.65。将三种高度下的试验结果统一整理至表 3.6 中，发现恢复系数与下落高度呈正相关，但恢复系数的差异为 4.46%，可忽略不计。综上所述，下落高度对测量所得恢复系数存在很小的影响。因此，后续测量煤-煤恢复系数试验的下落高度也取 500mm。

表 3.6　不同下落高度下的煤-钢恢复系数

下落高度 h/mm	位移测量值/mm				恢复系数
	H_1	S_1	H_2	S_2	
500	663	606.4	876	679.2	0.6641
300	634	493.8	846	563.3	0.6519
200	636	430.7	849	495.9	0.6345

4. 煤-煤恢复系数

由于煤-煤恢复系数的测定装置与煤-钢恢复系数相似，只是将碰撞体由钢板改为煤颗粒，且试验结果分析方法和过程相同，在此不再重复叙述。基于上述试验原理，通过下落高度为 500mm 的煤颗粒碰撞煤块测得煤-煤恢复系数为 0.64。

5. 煤-钢静摩擦系数

由于耐磨钢板表面的粗糙度和试验所选取煤颗粒的外形均不统一，为了降低试验误差，将煤颗粒按照图 3.6 中 3×3 的排布方式布置在钢板上。在试验过程中，当存在 2~4 个煤颗粒开始滑动或有滑动趋势时，测量该时刻的斜板倾斜角度，计算角度的正切值。进行 20 次试验后，对所得试验结果排序(表 3.7)，去掉其中的最大值和最小值，计算剩余数据的平均值，得到倾角平均值为 24.51°，静摩擦系数为 0.46。

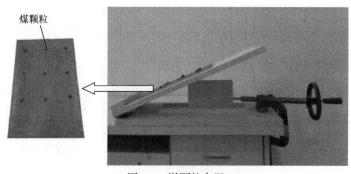

煤颗粒

图 3.6　煤颗粒布置

表 3.7　斜板倾角测量记录

序号	倾角/(°)	序号	倾角/(°)	序号	倾角/(°)	序号	倾角/(°)
1	23.5	6	24.1	11	24.5	16	25
2	24	7	24.2	12	24.5	17	25
3	24	8	24.4	13	24.5	18	25.2
4	24	9	24.5	14	24.8	19	25.2
5	24	10	24.5	15	24.8	20	26.2

综上所述，试验测定参数可汇总于表 3.8。

表 3.8　试验测定参数

参数	数值
煤剪切模量/Pa	4.8×10^8
煤密度/(kg/m³)	1229
煤-煤恢复系数	0.64
煤-钢恢复系数	0.65
煤-钢静摩擦系数	0.46

3.1.3　仿真-试验对比法标定参数

参数标定的具体流程如图 3.7 所示。

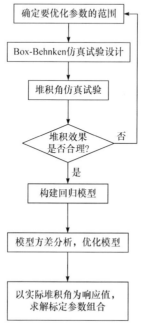

图 3.7　参数标定流程

1. 试验模型及试验装置

以堆积角作为响应指标进行漏斗堆积试验。图 3.8 为漏斗试验装置和对应的仿真模型。三次试验的结果如表 3.9 所示,根据 2.3.1 节中的图像处理方法对试验结果进行处理,取平均值 34.28° 作为响应的目标值。

(a) 仿真模型   (b) 试验装置

图 3.8 标定试验仿真模型及试验装置

1. 铁架台;2. 漏斗;3. 煤散料堆;4. 耐磨钢板;5. 相机;6. 三脚架

表 3.9 干煤散料堆积试验数据记录

序号	不同方向图片堆积边界拟合直线的斜率				平均斜率	堆积角/(°)
	0°	90°	180°	270°		
1	−0.6353	−0.6527	−0.7219	−0.7199	−0.6825	34.31
2	−0.6179	−0.6669	−0.7345	−0.7223	−0.6854	34.43
3	−0.6213	−0.6742	−0.7238	−0.6900	−0.6773	34.11

2. 基于 Box-Behnken 设计试验的回归模型构建

各试验因素及不同水平的取值如表 3.10 所示,其中低、中、高水平的取值通过参考相关资料和预试验确定,其他离散元仿真所需的参数根据表 3.8 设定。

表 3.10 Box-Behnken 设计试验参数及水平(干煤散料)

符号	试验参数	低水平	中水平	高水平
X_2	煤-煤静摩擦系数	0.10	0.350	0.60
X_3	煤-煤滚动摩擦系数	0.01	0.035	0.06
X_6	煤-钢滚动摩擦系数	0.01	0.035	0.06

通过 Design-Expert 8.0 专业软件创建三因素三水平共 15 个设计点的 Box-Behnken

设计试验，其中包括 12 个析因点和 3 个用于误差估计的零点。用+1、0 和−1 表示各因素的高、中和低水平，可得到图 3.9 所示的设计点分布。

通过 Box-Behnken 设计试验，可构建如式(3.1)的回归方程，该方程可用来反映响应指标与各试验因素的联系。

$$\theta = \alpha_0 + \sum_{i=1}^{3}\alpha_1 X_i + \sum_{i=1}^{3}\alpha_2 X_i^2 + \sum_{i,j=1,i<j}^{3}\alpha_3 X_i X_j$$

(3.1)

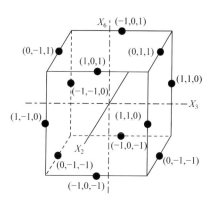

图 3.9　Box-Behnken 设计试验设计点分布

式中，θ 为试验所得堆积角；$\alpha_i(i=0,\ 1,\ 2,\ 3)$ 为各项系数；X 为试验因素。

将表 3.11 中的试验结果导入 Design-Expert 8.0 专业软件，对 Box-Behnken 设计试验结果进行回归分析，得到堆积角与各因素的二次多项式关系为

$$\theta = 13.16 + 80.23X_2 + 81.50X_3 - 16.51X_6 + 0.40X_2X_3 - 4.80X_2X_6$$
$$+ 24.00X_3X_6 - 75.05X_2^2 - 24.67X_3^2 + 339.33X_6^2 \qquad (3.2)$$

表 3.11　Box-Behnken 设计试验结果(干煤散料)

序号	煤-煤静摩擦系数(X_2)	煤-煤滚动摩擦系数(X_3)	煤-钢滚动摩擦系数(X_6)	堆积角 θ/(°)
1	0.100	0.010	0.035	21.08
2	0.600	0.010	0.035	34.79
3	0.100	0.060	0.035	25.16
4	0.600	0.060	0.035	38.88
5	0.100	0.035	0.010	23.27
6	0.600	0.035	0.010	37.16
7	0.100	0.035	0.060	23.31
8	0.600	0.035	0.060	37.08
9	0.350	0.010	0.010	32.57
10	0.350	0.060	0.010	36.53
11	0.350	0.010	0.060	33.2
12	0.350	0.060	0.060	37.22
13	0.350	0.035	0.035	34.66
14	0.350	0.035	0.035	34.60
15	0.350	0.035	0.035	34.79

对式(3.2)所示的回归模型进行方差分析，如表 3.12 所示。可以看出，拟合模型的 P 值小于 0.0001，显著；失拟项的 P 值为 0.1064，不显著；变异系数 CV=0.71%，可以忽略不计；决定系数 R^2=0.9995≈1，校正决定系数 R_{adj}^2=0.9985≈1；精确度等于 95.437。由以上数据可知，该模型具有较高的拟合程度和精确度，能够反映堆积角与三个试验因素的联系。

表 3.12　Box-Behnken 设计试验回归模型方差分析(干煤散料)

方差源	平方和	自由度	均方	F 值	P 值
模型	494.97	9	55.00	1052.81	<0.0001*
X_2	379.36	1	379.36	7262.17	<0.0001*
X_3	32.60	1	32.60	624.12	<0.0001*
X_6	0.20	1	0.20	3.92	0.1046
X_2X_3	$2.5×10^{-5}$	1	$2.5×10^{-5}$	$4.786×10^{-4}$	0.9834
X_2X_6	$3.6×10^{-3}$	1	$3.6×10^{-3}$	0.069	0.8034
X_3X_6	$9×10^{-4}$	1	$9×10^{-4}$	0.017	0.9007
X_2^2	81.23	1	81.23	1555.00	<0.0001*
X_3^2	$8.776×10^{-4}$	1	$8.776×10^{-4}$	0.017	0.9019
X_6^2	0.17	1	0.17	3.18	0.1347
残差	0.26	5	0.052	—	—
失拟项	0.24	3	0.081	8.56	0.1064
纯误差	0.019	2	$9.433×10^{-3}$	—	—
总和	495.23	14	—	—	—

R^2= 0.9995，R_{adj}^2 = 0.9985, CV =0.71%, 精确度=95.437

*表示该项显著(P <0.05)。

对式(3.2)的回归模型进行显著性优化，去掉 X_2X_3、X_2X_6、X_3X_6、X_3^2、X_6^2 后的回归模型为

$$\theta = 12.88 + 80.24X_2 + 80.75X_3 + 6.40X_6 - 75.27X_2^2 \tag{3.3}$$

对式(3.3)进行方差分析，如表 3.13 所示。可以看出，变异系数 CV =0.65%<0.71%；R^2=0.9991≈1，校正决定系数 R_{adj}^2=0.9988>0.9985≈1；精确度 147.813>95.437。综上所述，与式(3.2)相比，式(3.3)的可靠度更高。

表 3.13 Box-Behnken 设计试验优化后回归模型的方差分析(干煤散料)

方差源	平方和	自由度	均方	F 值	P 值
模型	494.80	4	123.70	2840.18	<0.0001*
X_2	379.36	1	379.36	8710.31	<0.0001*
X_3	32.60	1	32.60	748.57	<0.0001*
X_6	0.20	1	0.20	4.70	0.0553
X_2^2	82.63	1	82.63	1897.12	<0.0001*
残差	0.44	10	0.044	—	—
失拟项	0.42	8	0.052	5.52	0.1623
纯误差	0.019	2	9.433×10^{-3}	—	—
总和	495.23	14	—	—	—

R^2=0.9991, R_{adj}^2 = 0.9988, CV =0.65%, 精确度=147.813

*表示该项显著(P <0.05)。

3. 确定最优参数组合

以试验所得的堆积角为响应目标值,对式(3.3)求解得到最优参数组合:煤-煤静摩擦系数取 0.329;煤-煤滚动摩擦系数取 0.036;煤-钢滚动摩擦系数取 0.032。

3.1.4 离散元参数验证

为了提高仿真的可靠性,需要通过漏斗堆积仿真试验和设计的滑板试验对表 3.14 中已获取的参数进行验证。

表 3.14 验证试验仿真输入参数(干煤散料)

本征参数	参数值	接触参数	参数值
煤剪切模量/Pa	4.8×10^8	煤-煤恢复系数	0.64
煤泊松比	0.3	煤-煤静摩擦系数	0.329
煤密度/(kg/m³)	1229	煤-煤滚动摩擦系数	0.036
耐磨钢剪切模量/Pa	8×10^{10}	煤-钢恢复系数	0.65
耐磨钢泊松比	0.3	煤-钢静摩擦系数	0.46
耐磨钢密度/(kg/m³)	7850	煤-钢滚动摩擦系数	0.032

1. 漏斗堆积仿真试验

根据表 3.14 中所示参数的取值,在 EDEM 软件中设置进行漏斗堆积仿真试验所需的离散元参数。通过对比试验与离散元仿真的堆积角验证参数的准确性,漏斗堆积仿真试验数据如表 3.15 所示。漏斗堆积仿真试验测得的堆积角与堆积测验值(34.28°)的误差为 0.5%。

表 3.15　漏斗堆积仿真试验数据

仿真试验不同方向图片边界拟合直线的斜率				平均斜率	堆积角/(°)
0°	90°	180°	270°		
−0.6765	−0.6840	−0.6866	−0.6614	−0.6771	34.10

2. 滑板试验

滑板试验可揭示煤散料的运动特性,该装置的主要结构及部件如图 3.10 所示。其中,碰撞板 9 和料斗 6 上都焊有不同数量的螺栓,如图 3.11 所示;通过螺栓与安装板 2 上的碰撞板倾角调节孔 8 配合,可以进行碰撞板角度分别为 30°、45°和 60°的试验;另外,通过螺栓与安装板 2 上的料斗位置调节孔 4 配合,能够分析不同落料高度时的堆积特性。底板 11、碰撞板 9 和左侧挡板 1 的材质相同,而且易于安装和拆卸;通过更换三个板的材质,能够分析不同碰撞材质下的散料堆积特性。为了更清晰地观测散料的碰撞和堆积过程,观察板 10 应具备透明的特点,故本次试验中采用亚克力板。

该试验的原理为:首先向料斗 6 中加入 2kg 粒径为 6~8mm 的煤散料,从侧边快速地拉出挡料板 5,煤散料下落过程中与碰撞板 9 发生碰撞,经过反弹后的煤散料又与左侧挡板 1 发生碰撞,反弹后最终在底板 11 的左侧位置堆积。整个试验过程通过高速摄像机记录下来。

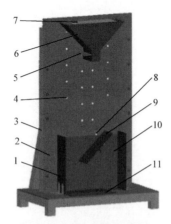

图 3.10　滑板装置三维模型

1. 左侧挡板;2. 安装板;3. 机架;4. 料斗位置调节孔;5. 挡料板;6. 料斗;
7. 颗粒工厂;8. 碰撞板倾角调节孔;9. 碰撞板;10. 观察板;11. 底板

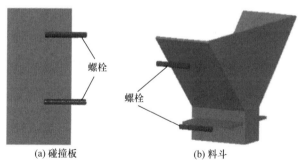

(a) 碰撞板　　　　　　　　(b) 料斗

图 3.11　碰撞板与料斗设计

在漏斗口尺寸为 50mm 的基础上，根据试验原理，通过仿真模拟对其他关键尺寸进行设计。其关键尺寸的设计原则及需满足的要求有以下几点：

(1) 颗粒工厂和料斗容积。试验前，需要保证煤颗粒表面平整；在仿真模拟中，则需要通过不断改变颗粒工厂的大小达到图 3.12 的效果。在料斗能容纳 2kg 煤散料的前提下进行相关尺寸设计。

(2) 碰撞板尺寸。碰撞板倾角在所能调整的范围内变化时，为了防止煤散料直接从图 3.13 中的 1 处和 2 处落在底板上，碰撞板的尺寸应该长一些。

图 3.12　料斗颗粒仿真填装效果

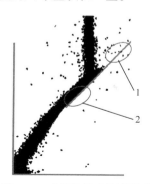

图 3.13　碰撞板尺寸设计说明

(3) 左侧挡板位置与高度。如果左侧挡板的安装位置太过靠左，煤散料可能并不能与其发生碰撞；如果左侧挡板的安装位置太过靠右，与挡板碰撞后反弹的煤颗粒可能落在底板的右侧位置。可通过仿真模拟调整挡板的位置。挡板的高度只需满足能够挡住反弹后的煤散料即可。

综上所述，滑板试验装置关键尺寸设计及试验装置如图 3.14 所示。

以表 3.14 中的参数进行下落高度为 600mm、碰撞板角度为 45°的离散元仿真和三次重复滑板试验。图 3.15 为整个过程的对比图。通过比较堆积角和堆积轮廓来验证参数的可靠度，其中堆积角通过图 2.20 中方法获得。对比结果如图 3.15 和表 3.16 所示。

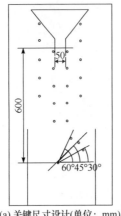 

(a) 关键尺寸设计(单位：mm)　　　　　(b) 试验装置

图 3.14　滑板试验装置关键尺寸设计及试验装置

 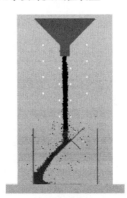

(a) 试验　　　　　　　　　(b) 仿真

图 3.15　滑板试验过程的仿真与试验对比

表 3.16　滑板试验与仿真试验堆积角数值差异对比

试验名称		煤散料堆积图片边界拟合直线的斜率		堆积角/(°)	数值差异/%
		计算值	平均值		
滑板试验	1	0.5366	0.5431	28.51	1.3
	2	0.5482			
	3	0.5445			
仿真试验		0.5349		28.14	

3. 验证试验结果及分析

从表 3.15 和表 3.16 可以看出，堆积角差异分别为 0.5%和 1.3%，差异可以忽略不计。因此，表 3.14 中的参数具备较高的可靠性。

3.2　含湿煤散料离散元参数

3.2.1　煤颗粒参数随含水率的变化规律

1. 含湿煤散料配置

湿颗粒材料间具有黏结性[7]。为了分析含水率对煤-钢恢复系数、煤-钢静摩擦系数和堆积角的影响效应，配置不同含水率的湿煤散料。通过整体烘干后加水的方式生成不同含水率的煤散料，这样可降低水分的挥发。根据《煤中全水分的测定方法》(GB/T 211—2017)[8]，煤散料的含水率定义为

$$\psi = \frac{m_s}{m} \times 100\% \tag{3.4}$$

式中，ψ 为煤散料的含水率，%；m 为煤散料干燥前的质量，kg；m_s 为煤散料干燥后的质量损失，kg。

图 3.16 给出了不同含水率煤散料的配制过程。

(1) 通过图 3.16(a)所示的烘干箱对煤散料进行干燥处理。

(2) 将放有空盆的天平读数归零，然后放入经干燥处理的煤散料，读取质量 m_1。

(3) 根据式(3.5)获得不同含水率的湿煤散料的质量 m_2。

$$m_2 = \frac{m_1}{1 - \psi} \tag{3.5}$$

(4) 用喷壶以喷雾形式向煤散料中加水，当天平显示的质量为 m_2 时，停止加水。

(5) 将图 3.16(b)所示的盆密封放置两天，如图 3.16(c)所示。

(a) 烘干箱烘干　　　　　　(b) 加水搅拌　　　　　　(c) 密封装置

图 3.16　不同含水率煤散料配制过程

2. 恢复系数随含水率的变化规律

通过图 2.13 所示的斜板碰撞试验,对不同含水率下的恢复系数进行测定。试验结果及线性方程如表 3.17 和图 3.17 所示。

表 3.17 不同含水率下恢复系数测定结果

含水率/%	煤-煤恢复系数	煤-钢恢复系数
0	0.64	0.65
2.5	0.61	0.62
5	0.57	0.58
7.5	0.55	0.56
10	0.53	0.52
12.5	0.49	0.48
15	0.44	0.44

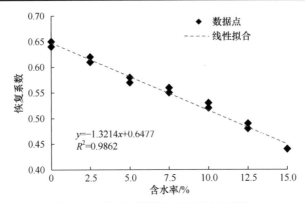

图 3.17 恢复系数随含水率的变化规律

从表 3.17 和图 3.17 可以看出,恢复系数与含水率成反比;线性方程的决定系数 $R^2=0.9862\approx1$;同一含水率下,两种类型的恢复系数近似相等。出现这种结果的原因是:含水率变大 $\Rightarrow$ 颗粒硬度降低 $\Rightarrow$ 碰撞变形量变大 $\Rightarrow$ 碰撞损失能量变大 $\Rightarrow$ 反弹后动能减小 $\Rightarrow$ 反弹速度变小 $\Rightarrow$ 恢复系数变小。

3. 煤-钢静摩擦系数随含水率的变化规律

通过图 2.15 所示的斜板抬升试验,对不同含水率下的煤-钢静摩擦系数进行测定。试验结果及二次多项式方程如表 3.18 和图 3.18 所示。

表 3.18　不同含水率下煤-钢静摩擦系数测定结果

含水率/%	煤-钢静摩擦系数
0	0.457
2.5	0.464
5	0.480
7.5	0.490
10	0.503
12.5	0.529
15	0.600

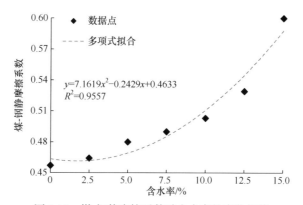

图 3.18　煤-钢静摩擦系数随含水率的变化规律

从表 3.18 和图 3.18 可以看出，煤-钢静摩擦系数与含水率呈正相关；二次多项式拟合方程的决定系数 $R^2=0.9557\approx1$。出现这种结果的原因是：含水率变大 $\Rightarrow$ 黏性变大 $\Rightarrow$ 相对滑动减少 $\Rightarrow$ 煤-钢静摩擦系数变大。

4. 堆积角随含水率的变化规律

通过图 2.17 所示的漏斗堆积试验，对不同含水率下的堆积角进行测定。试验结果及拟合方程如表 3.19 和图 3.19 所示。

表 3.19　不同含水率下堆积角测定结果

含水率/%	堆积角/(°)
0	34.28
2.5	34.01
5	34.35
7.5	33.98

续表

含水率/%	堆积角/(°)
10	33.34
12.5	33.82
15	33.86

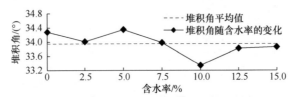

图 3.19　堆积角随含水率的变化规律

从表 3.19 和图 3.19 可以看出，堆积角差异为 2.94%，差异很小；在不同含水率下，堆积角围绕其平均值小范围变化。因此，含水率对堆积角几乎不存在影响。

3.2.2　10%含水率湿煤颗粒模型参数标定与分析

1. 10%含水率煤颗粒试验测定参数

根据上述一系列试验，测定了 10%含水率下的恢复系数、煤-钢静摩擦系数和堆积角，如表 3.20 所示。

表 3.20　10%含水率湿煤散料试验测定参数

试验测定参数	数值
煤-煤恢复系数	0.53
煤-钢恢复系数	0.52
煤-钢静摩擦系数	0.503
堆积角/(°)	33.34

2. 基于 Box-Behnken 试验的回归模型构建

在干煤散料参数标定原理的基础上，将颗粒间的接触模型改为具备表面能参数的 JKR 模型。以煤-煤静摩擦系数、煤-煤滚动摩擦系数、煤-钢滚动摩擦系数和煤-煤表面能为试验因素，进行 Box-Behnken 设计试验。根据表 3.10，在保证煤散料能正常从漏斗下落并形成堆积的前提下，通过预试验获取试验因素可设置的最大值。各因素不同水平的取值如表 3.21 所示。

表 3.21　Box-Behnken 设计试验参数及水平(10%含水率湿煤散料)

符号	试验参数	低水平	中水平	高水平
X_0	煤-煤表面能/(J/m²)	0.001	0.008	0.015
X_2	煤-煤静摩擦系数	0.10	0.275	0.45
X_3	煤-煤滚动摩擦系数	0.01	0.035	0.06
X_6	煤-钢滚动摩擦系数	0.01	0.035	0.06

利用 Design-Expert 软件创建了四因素三水平的 Box-Behnken 设计试验,共有 24 个析因点和 5 个中心点。试验结果如表 3.22 所示。

表 3.22　Box-Behnken 设计试验结果(10%含水率湿煤散料)

序号	煤-煤表面能(X_0)/(J/m²)	煤-煤静摩擦系数(X_2)	煤-煤滚动摩擦系数(X_3)	煤-钢滚动摩擦系数(X_6)	堆积角 θ /(°)
1	0.001	0.1	0.035	0.035	24.98
2	0.015	0.1	0.035	0.035	28.93
3	0.001	0.45	0.035	0.035	38.35
4	0.015	0.45	0.035	0.035	40.66
5	0.008	0.275	0.01	0.01	34.62
6	0.008	0.275	0.06	0.01	39.67
7	0.008	0.275	0.01	0.06	35.26
8	0.008	0.275	0.06	0.06	39.80
9	0.001	0.275	0.035	0.01	34.53
10	0.015	0.275	0.035	0.01	38.82
11	0.001	0.275	0.035	0.06	34.90
12	0.015	0.275	0.035	0.06	38.39
13	0.008	0.1	0.01	0.035	24.58
14	0.008	0.45	0.01	0.035	36.77
15	0.008	0.1	0.06	0.035	29.29
16	0.008	0.45	0.06	0.035	41.17
17	0.001	0.275	0.01	0.035	32.26
18	0.015	0.275	0.01	0.035	35.90
19	0.001	0.275	0.06	0.035	37.48
20	0.015	0.275	0.06	0.035	41.71
21	0.008	0.1	0.035	0.01	28.07
22	0.008	0.45	0.035	0.01	40.03
23	0.008	0.1	0.035	0.06	27.95
24	0.008	0.45	0.035	0.06	38.92

续表

序号	煤-煤表面能(X_0) /(J/m²)	煤-煤静摩擦系数(X_2)	煤-煤滚动摩擦系数(X_3)	煤-钢滚动摩擦系数(X_6)	堆积角 θ /(°)
25	0.008	0.275	0.035	0.035	37.11
26	0.008	0.275	0.035	0.035	37.24
27	0.008	0.275	0.035	0.035	37.57
28	0.008	0.275	0.035	0.035	37.74
29	0.008	0.275	0.035	0.035	37.70

将表 3.22 中的 Box-Behnken 设计试验结果导入 Design-Expert 软件，通过对该试验结果进行回归分析，得到堆积角与各因素的二次多项式为

$$\theta = 9.896 + 526.286X_0 + 109.655X_2 + 137.847X_3 + 29.285X_6 - 334.694X_0X_2$$
$$+ 842.857X_0X_3 - 1142.857X_0X_6 - 17.714X_2X_3 - 56.571X_2X_6 - 204.000X_3X_6$$
$$- 10181.973X_0^2 - 127.352X_2^2 - 478.267X_3^2 + 11.733X_6^2$$

$$(3.6)$$

对式(3.6)所示的回归模型进行方差分析，如表 3.23 所示。可以看出，拟合模型的 P 值小于 0.0001，显著；失拟项的 P 值为 0.0944，不显著；变异系数 CV=1.42%，可以忽略不计；决定系数 R^2=0.9946≈1，校正决定系数 R_{adj}^2=0.9891≈1；精确度等于 46.844。从上述数据可以看出，该模型的拟合程度和精确度均比较高，可以表达堆积角与四个试验因素间的关系。

表 3.23　Box-Behnken 设计试验回归模型方差分析(10%含水率湿煤散料)

方差源	平方和	自由度	均方	F 值	P 值
模型	651.29	14	46.52	183.32	<0.0001*
X_0	40	1	40	157.64	<0.0001*
X_2	433.20	1	433.20	1707.06	<0.0001*
X_3	73.66	1	73.66	290.25	<0.0001*
X_6	0.023	1	0.023	0.089	0.7701
X_0X_2	0.67	1	0.67	2.65	0.1259
X_0X_3	0.087	1	0.087	0.34	0.5675
X_0X_6	0.16	1	0.16	0.63	0.4404
X_2X_3	0.024	1	0.024	0.095	0.7628
X_2X_6	0.25	1	0.25	0.97	0.3425
X_3X_6	0.065	1	0.065	0.26	0.6206
X_0^2	1.61	1	1.61	6.36	0.0244*

方差源	平方和	自由度	均方	F 值	P 值
X_2^2	98.67	1	98.67	388.81	<0.0001*
X_3^2	0.58	1	0.58	2.28	0.153
X_6^2	3.488×10^{-4}	1	3.488×10^{-4}	1.375×10^{-3}	0.9709
残差	3.55	14	0.25	—	—
失拟项	3.23	10	0.32	4.06	0.0944
纯误差	0.32	4	0.08	—	—
总和	654.84	28	—	—	—

$$R^2 = 0.9946, \quad R_{\text{adj}}^2 = 0.9891, \quad CV = 1.42\%, \quad 精确度 = 46.844$$

*表示该项显著($P<0.05$)。

去掉 X_6、$X_0 X_3$、$X_0 X_6$、$X_2 X_3$、$X_2 X_6$、$X_3 X_6$ 和 X_6^2，将式(3.6)中的回归模型进行显著性优化，优化后的回归模型为

$$\theta = 10.867 + 516.239 X_0 + 107.080 X_2 + 132.734 X_3 - 334.694 X_0 X_2$$
$$- 10210.287 X_0^2 - 127.398 X_2^2 - 480.486 X_3^2 \tag{3.7}$$

对式(3.7)进行方差分析，如表 3.24 所示。可以看出，变异系数 $CV = 1.25\% < 1.42\%$；决定系数 $R^2 = 0.9937 \approx 1$，校正决定系数 $R_{\text{adj}}^2 = 0.9915 > 0.9891 \approx 1$；精确度为 $72.629 > 46.844$。因此，与式(3.6)相比，式(3.7)的可靠度更高。

表 3.24　Box-Behnken 设计试验优化后回归模型的方差分析(10%含水率湿煤散料)

方差源	平方和	自由度	均方	F 值	P 值
模型	650.69	7	92.96	469.61	<0.0001*
X_0	40.00	1	40.00	202.10	<0.0001*
X_2	433.20	1	433.20	2188.53	<0.0001*
X_3	73.66	1	73.66	372.11	<0.0001*
$X_0 X_2$	0.67	1	0.67	3.40	0.0795
X_0^2	1.68	1	1.68	8.51	0.0082*
X_2^2	102.40	1	102.40	517.34	<0.0001*
X_3^2	0.61	1	0.61	3.06	0.0946

续表

方差源	平方和	自由度	均方	F 值	P 值
残差	4.16	21	0.20	—	—
失拟项	3.84	17	0.23	2.84	0.1612
纯误差	0.32	4	0.08	—	—
总和	654.84	28	—	—	—

R^2=0.9937，R_{adj}^2=0.9915，CV =1.25%，精确度=72.629

*表示该项显著(P <0.05)。

3. 回归模型交互效应分析

从表 3.24 可以看出，交互项 X_0X_2 的 P 值等于 0.0795，说明 X_0X_2 对堆积角有影响，但并不显著。当因素 X_3=0.035 时，因素 X_0 与 X_2 交互作用的等高线如图 3.20(a)所示，可以看出，等高线形状为类椭圆形，说明 X_0 与 X_2 间的交互效应较高；当因素 X_3=0.035 时，因素 X_0 与 X_2 交互作用的响应面如图 3.20(b)所示，可以看出，堆积角与因素 X_0、X_2 均呈正相关。出现这种结果的主要原因是：因素 X_0 与 X_2 变大都会使颗粒间的接触作用力变大，使颗粒的流动性降低；由堆积角分别随 X_0、X_2 变化的速率可以看出，随着因素取值的增加，各因素对堆积角的影响效应逐渐变弱；但相比因素 X_0，因素 X_2 对堆积角的影响率更高。

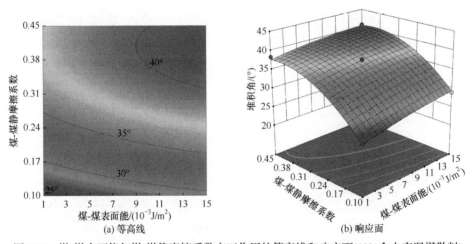

图 3.20　煤-煤表面能与煤-煤静摩擦系数交互作用的等高线和响应面(10%含水率湿煤散料)

4. 最优参数组合确定

以试验所得的堆积角为响应目标值，对式(3.7)求解得到最优参数组合：X_0 取

0.008J/m²；X_2取0.198；X_3取0.027；因素X_6对堆积角几乎不存在影响，故取中间水平0.035。

5. 标定参数验证

为了使仿真结果更加准确可靠，通过漏斗试验和设计的滑板试验对表3.25中已得到的参数进行验证。

表 3.25 验证试验仿真输入参数(10%含水率湿煤散料)

接触参数	数值
煤-煤表面能/(J/m²)	0.008
煤-煤恢复系数	0.53
煤-煤静摩擦系数	0.198
煤-煤滚动摩擦系数	0.027
煤-钢恢复系数	0.52
煤-钢静摩擦系数	0.503
煤-钢滚动摩擦系数	0.035

参数的准确性可以通过试验与离散元仿真的堆积角进行验证，结果如表3.26所示。

表 3.26 最优参数组合下堆积角数值差异对比验证(10%含水率湿煤散料)

验证试验		堆积角结果对比		
		试验结果/(°)	仿真结果/(°)	相对误差/%
漏斗试验		33.34	32.83	1.53
滑板试验	30°	28.91	27.55	4.70
	45°	27.01	26.58	1.59
	60°	19.93	19.38	2.76

从表3.26可以看出，堆积角差异可忽略不计，可知表3.25中的参数具有较高的可靠性。

3.2.3 15%含水率湿煤颗粒模型参数标定与分析

1. 15%含水率煤颗粒试验测定参数

经过3.2.1节的试验测定，得到了含水率为15%时的煤-煤恢复系数、煤-钢恢复系数、煤-钢静摩擦系数和堆积角，如表3.27所示。

表 3.27　15%含水率湿煤散料试验测定参数

试验测定参数	数值
煤-煤恢复系数	0.44
煤-钢恢复系数	0.44
煤-钢静摩擦系数	0.60
堆积角/(°)	33.86

2. 基于 Box-Behnken 试验的回归模型构建

由表 3.24 可知，煤-钢滚动摩擦系数对堆积角几乎不存在影响，所以取值为 0.035。试验因素选择煤-煤静摩擦系数、煤-煤滚动摩擦系数和煤-煤表面能，并依据表 3.21 开展 Box-Behnken 设计试验。不同含水率的参数标定流程完全相同，试验结果如表 3.28 所示。

表 3.28　Box-Behnken 设计试验结果(15%含水率湿煤散料)

序号	煤-煤表面能(X_0)/(J/m²)	煤-煤静摩擦系数(X_2)	煤-煤滚动摩擦系数(X_3)	堆积角 θ /(°)
1	0.001	0.1	0.035	25.84
2	0.015	0.1	0.035	29.90
3	0.001	0.45	0.035	39.20
4	0.015	0.45	0.035	39.88
5	0.001	0.275	0.01	33.67
6	0.015	0.275	0.01	36.90
7	0.001	0.275	0.06	38.16
8	0.015	0.275	0.06	41.50
9	0.008	0.1	0.01	26.03
10	0.008	0.45	0.01	37.47
11	0.008	0.1	0.06	29.88
12	0.008	0.45	0.06	40.67
13	0.008	0.275	0.035	37.61
14	0.008	0.275	0.035	38.11
15	0.008	0.275	0.035	37.72

通过对表 3.28 中数据进行多元回归拟合，得到回归模型为

$$\theta = 12.17 + 385.07X_0 + 111.95X_2 + 110.84X_3 - 689.80X_0X_2$$
$$+ 157.14X_0X_3 - 37.14X_2X_3 + 68.03X_0^2 - 131.97X_2^2 - 302.67X_3^2 \quad (3.8)$$

对式(3.8)所示的回归模型进行方差分析，如表 3.29 所示。从 P 值、CV、R^2 和精确度可以看出，回归模型准确度较高。

表 3.29　Box-Behnken 设计试验的回归模型方差分析(15%含水率湿煤散料)

方差源	平方和	自由度	均方	F 值	P 值
模型	371.81	9	41.31	181.88	<0.0001*
X_0	15.99	1	15.99	70.40	0.0004*
X_2	259.58	1	259.58	1142.82	<0.0001*
X_3	32.56	1	32.56	143.36	<0.0001*
X_0X_2	2.86	1	2.86	12.57	0.0165*
X_0X_3	3.025×10^{-3}	1	3.025×10^{-3}	0.013	0.9126
X_2X_3	0.11	1	0.11	0.47	0.5256
X_0^2	4.103×10^{-5}	1	4.103×10^{-5}	1.806×10^{-4}	0.9898
X_2^2	60.31	1	60.31	265.54	<0.0001*
X_3^2	0.13	1	0.13	0.58	0.4801
残差	1.14	5	0.23	—	—
失拟项	1.09	3	0.36	—	0.0561
纯误差	0.043	2	0.021	—	—
总和	372.95	14	—	—	—

$R^2=0.9970$，$R_{\text{adj}}^2=0.9915$，CV =1.34%，精确度=39.646

*表示该项显著($P<0.05$)。

对式(3.8)的回归模型进行优化，得到新的回归方程，即

$$\theta = 12.78 + 391.66X_0 + 110.42X_2 + 80.70X_3 - 689.80X_0X_2 - 131.54X_2^2 \quad (3.9)$$

对式(3.9)的模型进行方差分析，结果如表 3.30 所示。

表 3.30　Box-Behnken 设计试验优化后回归模型的方差分析(15%含水率湿煤散料)

方差源	平方和	自由度	均方	F 值	P 值
模型	371.57	5	74.31	485.48	<0.0001*
X_0	15.99	1	15.99	104.46	<0.0001*
X_2	259.58	1	259.58	1695.78	<0.0001*
X_3	32.56	1	32.56	212.73	<0.0001*
X_0X_2	2.86	1	2.86	18.66	0.0019*

续表

方差源	平方和	自由度	均方	F 值	P 值
X_2^2	60.58	1	60.58	395.79	<0.0001*
残差	1.38	9	0.15	—	—
失拟项	1.33	7	0.19	8.90	0.1047
纯误差	0.043	2	0.021	—	—
总和	372.95	14	—	—	—

R^2= 0.9963, R_{adj}^2 =0.9943, CV =1.10%, 精确度=63.322

*表示该项显著(P <0.05)。

3. 回归模型交互效应分析

因素 X_0 与 X_2 交互作用的等高线及响应面如图 3.21 所示，交互效应分析与 3.2.2 节相同。

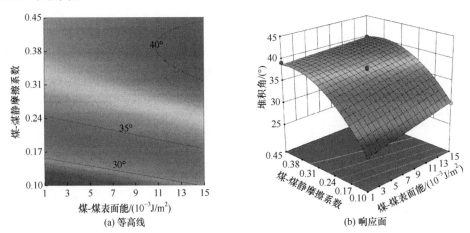

图 3.21　煤-煤表面能与煤-煤静摩擦系数交互作用的等高线和响应面(15%含水率湿煤散料)

4. 最优参数组合确定

选择试验测定的堆积角作为响应目标值，依据式(3.9)计算可得最优参数组合为：X_0 取 0.011J/m²；X_2 取 0.206；X_3 取 0.015。

5. 标定参数验证

利用漏斗试验和设计的滑板试验对已获得的参数展开验证，以此来证明仿真结果的可靠性。通过对比试验与离散元仿真的堆积角(表 3.31)经分析可知，已获取参数具有较高的可靠性。

表 3.31　最优参数组合下堆积角数值差异对比(15%含水率湿煤散料)

验证试验		堆积角结果对比		
		试验结果/(°)	仿真结果/(°)	相对误差/%
漏斗试验		33.86	34.88	3.01
滑板试验	30°	29.19	27.90	4.42
	45°	27.88	28.24	1.29
	60°	20.01	20.68	3.35

3.2.4　表面能随粒径变化规律研究

为分析表面能与颗粒属性间的影响关系，由预仿真试验得到粒径对表面能存在显著的影响。在模拟仿真时，为了根据粒径的分布情况输入合适的表面能，本节基于 10%含水率湿煤散料参数的试验装置和标定结果，通过试验研究粒径对表面能的影响规律。为了与实际开采和运输过程中多种粒径混合的情况相吻合，基于以上试验结果分析多种粒径混合对表面能的影响规律。

1. 粒径对表面能的影响规律

表面能随粒径变化研究的技术路线如图 3.22 所示。

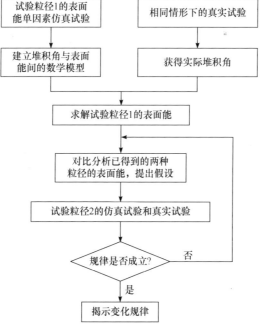

图 3.22　表面能随粒径变化研究的技术路线

(1) 进行表面能单因素仿真试验，建立数学模型。

通过预仿真试验，发现粒径为 4~6mm 的表面能数值均不大于 $0.1J/m^2$。基于此结论，单因素仿真试验设计及结果如表 3.32 所示。

表 3.32   粒径 4~6mm 的表面能单因素仿真试验数据记录

表面能/(J/m^2)	不同方向散料堆图片边界拟合直线的斜率				平均斜率	堆积角/(°)
	0°	90°	180°	270°		
0.01	−0.6884	−0.6973	−0.7114	−0.6764	−0.6934	34.74
0.03	−0.7905	−0.7751	−0.7711	−0.7893	−0.7815	38.01
0.05	−0.8342	−0.8186	−0.7991	−0.8396	−0.8229	39.45
0.07	−0.8418	−0.7892	−0.8888	−0.8664	−0.8466	40.25
0.10	−0.8947	−0.8695	−0.8695	−0.8648	−0.8746	41.17

从表 3.32 可以看出，在不同表面能下，堆积角的数值存在明显的差距，可以得到表面能对堆积角有显著影响，这与前述结论相吻合。为了进一步研究表面能对堆积角的影响规律，将表 3.32 中的数据绘制成堆积角随表面能变化的曲线，如图 3.23 所示。

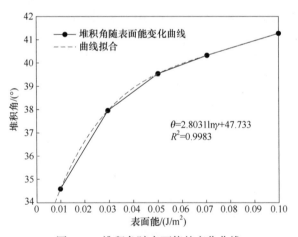

图 3.23   堆积角随表面能的变化曲线

对数据点进行拟合可得，当堆积角随表面能呈对数变化时，拟合程度最好，拟合方程为

$$\theta = 2.8031\ln\gamma + 47.733 \tag{3.10}$$

拟合方程的决定系数为 0.9983，非常接近于 1，表明该方程具有较高的可靠性。

(2) 以实际堆积角为响应目标值，求解该粒径下的表面能。

进行三次相同粒径下的试验，试验结果如表 3.33 所示。根据式(3.10)计算得到

4～6mm 粒径下的表面能为 $0.009J/m^2$。

表 3.33　粒径 4～6mm 漏斗堆积试验数据记录

| 序号 | 不同方向煤堆图片边界拟合直线的斜率 | | | | 平均斜率 | 堆积角/(°) | |
	0°	90°	180°	270°		计算值	平均值
1	−0.6218	−0.7048	−0.7217	−0.6639	−0.6781	34.14	
2	−0.6974	−0.6864	−0.6248	−0.6829	−0.6729	34.56	34.44
3	−0.6164	−0.7325	−0.7225	−0.6892	−0.6902	34.61	

(3) 对比两种粒径下的表面能，提出假设。

不同粒径下的表面能比较如表 3.34 所示。由表可知，表面能的比值大约等于粒径的反比，即

$$\gamma_b = \frac{r_a}{r_2} \gamma_a \tag{3.11}$$

式中，r_a、r_b 为颗粒半径，mm；γ_a、γ_b 为相对应的表面能，J/m^2。

表 3.34　不同粒径下的表面能比较

粒径/mm	表面能γ/(J/m²)	粒径比	表面能反比
$r_a = 6～8$	$\gamma_a = 0.008$	1.3	1.13
$r_b = 4～6$	$\gamma_b = 0.009$	1.3	1.13

(4) 进行 3～4mm 粒径下的试验与仿真，验证假设。

根据以上结果和式(3.11)，获得 3～4mm 粒径下的表面能为 $0.016J/m^2$。在此结果上进行该粒径下的试验和仿真，通过比较堆积角和堆积轮廓来验证表面能参数，试验和仿真结果如表 3.35 所示。

表 3.35　基于假设的粒径 3～4mm 的仿真与试验堆积角数据记录

| 验证试验 | | 不同方向图片边界拟合直线的斜率 | | | | 平均斜率 | 堆积角/(°) | |
		0°	90°	180°	270°		计算值	平均值
试验	1	−0.6534	−0.7666	−0.7444	−0.7439	−0.7271	36.02	
	2	−0.7543	−0.7453	−0.7472	−0.7539	−0.7502	36.88	36.36
	3	−0.7613	−0.6714	−0.7677	−0.7242	−0.7312	36.17	
仿真		−0.7451	−0.7285	−0.7329	−0.7569	−0.7409	36.53	

从表 3.35 可以看出，堆积角差异为 0.47%，该差异可以忽略不计。因此，该假设正确。

2. 多种粒径混合下表面能设置

1) 混合粒径分布

选用 1kg 三种粒径混合的煤散料进行试验，不同形状和粒径的质量占比如表 3.36 所示，表中的粒径比例系数为颗粒工厂实际生成颗粒的粒径与颗粒模型尺寸(表 3.1)的比值。

表 3.36　混合粒径中各种粒径仿真设置

粒径 /mm	表面能 /(J/m²)	质量分布		不同形状粒径比例系数(质量/kg)		
		比例	质量/kg	扁平状	类块状	类锥状
2~3	0.024	1	0.1	0.308(0.015)	0.298(0.061)	0.290(0.024)
4~6	0.012	3	0.3	0.616(0.045)	0.597(0.183)	0.580(0.072)
6~8	0.008	6	0.6	0.863(0.090)	0.835(0.366)	0.811(0.144)

2) 提出并验证假设

假设混合粒径下的表面能等于各粒径表面能按其质量占比的线性叠加，通过式(3.12)计算得到试验所需设置的表面能。

$$\gamma = \frac{1}{10} \times 0.024 + \frac{3}{10} \times 0.012 + \frac{6}{10} \times 0.008 = 0.0108 (\text{J/m}^2) \tag{3.12}$$

以上述计算结果为参数的试验结果如表 3.37 所示。从表中可以看出，堆积角差异为 0.68%，差异可忽略不计。因此，该假设正确。

表 3.37　基于假设的多种粒径混合仿真与试验堆积角数据记录

验证试验		不同方向图片边界拟合直线的斜率				平均斜率	堆积角/(°)		数值差异 /%
		0°	90°	180°	270°		计算值	平均值	
试验	1	−0.6947	−0.6221	−0.6435	−0.6613	−0.6554	33.24		
	2	−0.6716	−0.6828	−0.6762	−0.6518	−0.6706	33.85	33.84	
	3	−0.6625	−0.6969	−0.6714	−0.7095	−0.6851	34.42		0.68
仿真		−0.6510	−0.6687	−0.6754	−0.6692	−0.6646	33.61		

3.3　本 章 小 结

本章首先通过一系列试验和仿真试验标定并验证了干、湿煤颗粒模型的参数，结果表明获取的参数具有较高的可靠性；然后分析了含水率对一些接触参数和堆积角的作用规律；最后深入探究了煤颗粒间表面能与颗粒粒径间的内在联系，发现不同粒径颗粒的表面能比值等于粒径大小比值的倒数，而且不同粒径颗粒混合后的表面能为依据各粒径颗粒质量占比计算的表面能的线性叠加。

参 考 文 献

[1] Santos K, Campos A, Oliveira O, et al. Dem simulations of dynamic angle of repose of acerola residue: A parametric study using a response surface technique. Blucher Chemical Engineering Proceedings, 2015, 1(2): 11326-11333.

[2] Yoon J. Application of experimental design and optimization to PFC model calibration in uniaxial compression simulation. International Journal of Rock Mechanics and Mining Sciences, 2007, 44(6): 871-889.

[3] Wang L J, Zhou W X, Ding Z J, et al. Experimental determination of parameter effects on the coefficient of restitution of differently shaped maize in three-dimensions. Powder Technology, 2015, 284: 187-194.

[4] González-Montellano C, Fuentes J M, Ayuga-Téllez E, et al. Determination of the mechanical properties of maize grains and olives required for use in DEM simulations. Journal of Food Engineering, 2012, 111(4): 553-562.

[5] Wang X, Li B, Yang Z J. Analysis of the bulk coal transport state of a scraper conveyor using the discrete element method. Strojniski Vestnik-Journal of Mechanical Engineering, 2018, 64(1): 37-46.

[6] 王国强. 郝万军. 王继新. 离散单元法及其在 EDEM 上的实践. 西安: 西北工业大学出版社, 2010.

[7] Mitarai N, Nori F. Wet granular materials. Advances in Physics, 2006, 55(1-2): 1-45.

[8] 中国煤炭工业协会. 煤中全水分的测定方法(GB/T 211—2017). 北京: 中国标准出版社, 2017.

第4章　运载系统的受力特征及故障分析

4.1　刮板输送机的刚散耦合模型

刮板输送机的刚散耦合模型由刮板输送机模型和煤颗粒模型两部分组成，利用它们之间的耦合来实现煤散料在中部槽中的运输。刮板输送机模型是利用动力学软件 RecurDyn 创建的，煤颗粒模型是利用离散元软件 EDEM 创建的，通过两个软件同时进行耦合仿真运算来模拟煤散料的输送过程。

4.1.1　刮板输送机模型

先在 UG 中建立虚拟样机的几何模型，然后将虚拟样机的几何模型导入动力学软件 RecurDyn 中创建多刚体系统动力学模型，并以.wall 格式导出，将导出的.wall 文件导入 EDEM 软件中创建离散元模型。两个软件在耦合仿真的过程中同时运行，以.wall 文件为通道实现计算数据的实时共享。用 EDEM 软件计算煤散料的运动和受力，用 RecurDyn 软件计算各刚体部件的运动和受力，两个软件的计算结果实时共享，用作下一个时间步长的边界条件参与计算，如图 4.1 所示。

图 4.1　耦合模型示意图

选用型号为 SGZ880/800 的刮板输送机，具体参数如表 4.1 所示。刮板输送机完整的虚拟样机如图 4.2(a)所示，仿真所用的刮板输送机模型经简化后如图 4.2(b)所示，以刮板输送机铺设方向为 Y 方向、推移方向为 X 方向、竖直方向为 Z 方向建立坐标系，利用 UG 建立几何模型。现有的完整的综采面刮板输送机最长可达500m，若以完整的刮板输送机模型创建仿真模型进行仿真，则会消耗大量时间，因此仿真模型需进行必要的简化。简化后的模型只保留了首轮、尾轮、3 节中部槽、刮板和链条，并且增添了一个底槽，使得刮板和链条能够通过首轮后经底槽返回尾轮形成循环。此外，模型还对中部槽与底槽的端部进行了适当的修整，以便刮板和链条在链轮和槽帮之间能够平稳运行。中部槽的组成包括中板和带挡板的槽帮，链条由圆环模型相同的平环和立环组成。

表 4.1 SGZ880/800 刮板输送机参数

参数名称	数值
功率/kW	2×400
链条 $d×t$/(mm×mm)	34×126
中部槽 $L×B×H$/(mm×mm×mm)	1500×880×330

注：d 为链条直径；t 为链条节距；L、B、H 分别为中部槽的长、宽、高。

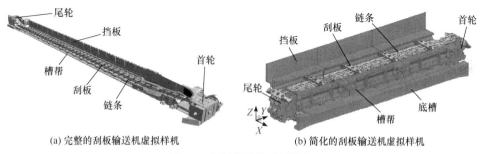

(a) 完整的刮板输送机虚拟样机   (b) 简化的刮板输送机虚拟样机

图 4.2 刮板输送机虚拟样机

4.1.2 煤颗粒模型

现实中的煤颗粒形状不规则，但大致可分为扁平状、类块状和类锥状三种形状。图 4.3 为利用 EDEM 软件创建的三种形状的煤颗粒模型，每种形状的颗粒都是由相同半径的小球组合而成的，各小球的半径和相对位置都是在笛卡儿坐标系中定义的，颗粒大小用三个方向上颗粒的最大长度来表征。研究中不考虑颗粒大小的影响，将所有颗粒的大小都设定为 40mm。颗粒工厂位于机尾链轮附近的中部槽上方，所有的煤颗粒均由颗粒工厂产生，以此来模拟采煤机从煤壁上开采的煤散料落向刮板输送机的过程。颗粒工厂是一个长 850mm、宽 1000mm、高 200mm的立方体区域，位置始终保持恒定，底面与中部槽中板相距 900mm。通过颗粒工厂，可以设定煤颗粒的生成总量、产生速率和颗粒的初始速度等参量。

接触模型用于计算颗粒之间、颗粒与几何体之间的相互作用力，在仿真模型中需要定义颗粒之间以及颗粒与几何体之间两个接触模型。颗粒间的接触选择Hertz-Mindlin(no slip)模型，考虑到几何体的磨损，颗粒与几何体间的接触选择Hertz-Mindlin with Archard Wear 模型。

离散元模型中的关键参数主要包括颗粒材料与几何体材料的本征参数和接触参数，这些参数通常是由参数标定试验确定的。仿真中几何体材料选定为钢，具体参数如表 4.2 和表 4.3 所示。

(a) 类块状　　　　　　　(b) 扁平状　　　　　　　(c) 类锥状

图 4.3　EDEM 软件创建的煤颗粒模型

表 4.2　仿真中材料本征参数

材料	剪切模量/Pa	泊松比	密度/(kg/m³)
煤	4.8×10^8	0.3	1229
钢	8×10^{10}	0.3	7850

表 4.3　仿真中接触参数

接触参数	数值
煤-煤恢复系数	0.64
煤-钢恢复系数	0.65
煤-煤静摩擦系数	0.329
煤-钢静摩擦系数	0.46
煤-煤滚动摩擦系数	0.036
煤-钢滚动摩擦系数	0.032

4.1.3　耦合模型的可靠性验证

　　仿真结果是否可靠需要经过对照试验验证，但井下恶劣的工作环境使其并不具备试验条件，而在实验室中，试验设备要求较高，成本高昂，且散料内部的力、散料速度、散料分布等数据不易获取，导致对照试验并不可取，因此采取其他方法对仿真的可靠性进行间接验证。在耦合模型的创建中，离散元模型和多体动力学模型是两个独立的模型，因此可以通过分别对两个模型的可靠性进行验证，进而间接地对该耦合模型的可靠性进行验证。

　　1. 离散元模型验证

　　离散元模型的核心是创建的颗粒模型、选取的接触模型以及散料和几何体的有关参数等。只要创建的模型合适、参数准确，仿真模型就能较为真实可靠地模拟煤散料的状态。试验的目的是验证这些模型和参数的可靠性，其思路是：选取相同的颗粒模型、接触模型和相关参数，在转盘试验台上设计仿真和对照试验，对比仿真和对照试验所选取的参数，进而证明离散元模型的可行性。

图 4.4 为离散元模型验证试验示意图，其中图 4.4(a)为对照试验所用的转盘试验台，图 4.4(b)为仿真示意图。在转盘试验台上，转盘绕中心轴转动，通过一个三维力传感器将试样固定在机架上，测量煤散料对试样的作用力，试样的底面与转盘表面相距 8mm，所以它们之间并不存在摩擦力。将 1kg 的煤散料平铺在转盘中，转盘以 π/2(rad/s)的角速度逆时针旋转 1 圈。转盘带动煤散料一起转动，沿圆周切向对试样施加一个推力 F，试样在煤散料上留有一个凹槽。选择推力和过圆心且垂直于转盘的平面剖开凹槽后所得的截面曲线作为对比参数，它们分别反映了散料对刚体的作用力和散料的流动特性。记试样的初始位置为 0°，转盘转过 1 圈为 360°，为消除偶然性，从 90°、180°、270°三个不同位置截取凹槽截面曲线。在图 4.4(b)的仿真中，模型包括转盘和上试样，转盘转动后在散料上留下了凹槽，推力 F 由 RecurDyn 软件中试样的.wall 文件提供。通过创建二维坐标系，测量凹槽轮廓曲线在坐标系中对应的坐标，由拟合曲线获得凹槽截面轮廓曲线。以转盘上端面与试样竖直中心线的交点为坐标原点，原点处转盘的径向为 X 轴，上试样的竖直中心线为 Y 轴，建立二维坐标系，如图 4.4(b)所示。沿 X 轴两边利用等间距点测量凹槽轮廓曲线在坐标系中对应的坐标，相邻两点间隔 8mm，连同原点处共测量 11 个坐标，据此拟合凹槽截面轮廓曲线。仿真和试验中的凹槽截面轮廓曲线均是按照取点、测量数据、拟合曲线的步骤获得的。

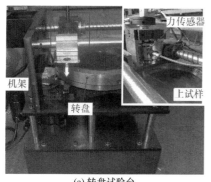
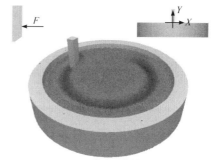

(a) 转盘试验台   (b) 仿真示意图

图 4.4 离散元模型验证试验

图 4.5(a)是试验实物图，图 4.5(b)是仿真中提取的 90°位置处的凹槽截面轮廓形状。图 4.5(c)是散料对试样在圆周切向的推力曲线，仿真曲线中存在一些明显

的突变点，颗粒流过试样时，与试样挤压产生突变，但持续时间很短。鉴于传感器较低的采样频率，这些突变点在试验中并没有被采集到，故选择用平均值法来比较两条曲线。试验曲线和仿真曲线的推力平均值分别是 0.94N 和 0.82N，仿真值是试验值的 87%，说明仿真中散料对试样的推力与真实工况已非常接近。图 4.5(d)～(f)分别为 90°、180°、270°三个位置处的凹槽截面轮廓曲线，它们是根据仿真与试验数据点，运用 MATLAB 的曲线拟合功能拟合得到的，拟合曲线的 R^2 均为 0.9901，两条拟合曲线在三个位置的相关系数分别为 0.9896、0.9879、0.9881，说明仿真和试验中散料的流动性具有较高的吻合度。仿真和试验中散料对试样的推力和凹槽轮廓截面曲线的比较结果表明，离散元模型可以较为真实可靠地模拟煤散料的状态，该模型具有较高的可行性。

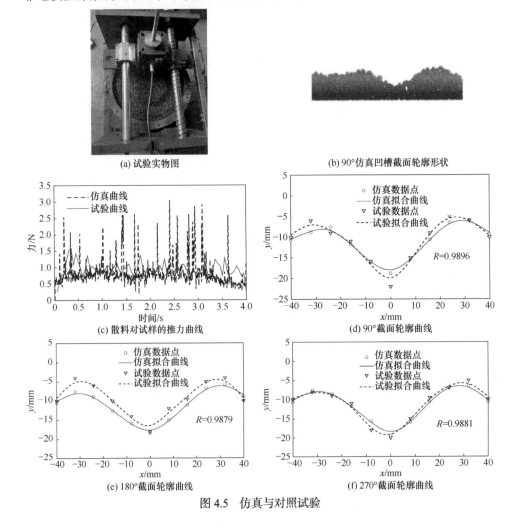

图 4.5　仿真与对照试验

2. 动力学模型验证

本书创建的多体动力学模型是否满足研究要求的判据主要为：各刚体部件是否可以稳定地实现既定的运动且不出现故障。利用创建的多体动力学模型进行空载仿真试验，依据其结果验证模型是否可行。仿真中中部槽在空载时不运输煤散料，刮板和链条在首尾链轮驱动下在中部槽中运动，首尾驱动链轮的转速如图4.6所示，仿真总时长为6s，链条初张力约为20000N。

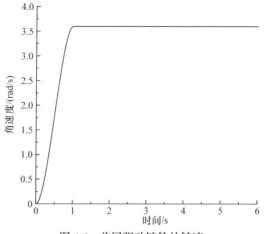

图 4.6　首尾驱动链轮的转速

仿真过程中，刮板和链条在链轮的驱动下稳定地在中部槽内运动，选取开始时中部槽左端的第一块刮板为观察对象，图4.7为其沿 Y 方向的位移和速度曲线。链轮转速从 0 逐渐升高到 3.6rad/s 后保持恒定，刮板速度也从 0 逐渐升高到某一值后上下波动，这是由于链传动多边形效应的影响。已知链轮角速度为3.6rad/s，链轮的分度圆直径为 567mm，链轮分度圆处的线速度为 1.02m/s，刮板的速度在

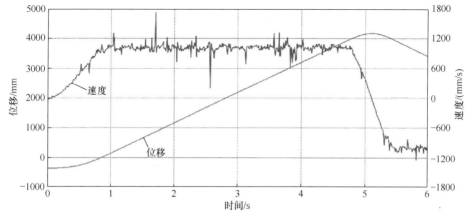

图 4.7　刮板的 Y 向位移和速度曲线

1m/s左右波动。当刮板移动到首端链轮时,刮板速度逐渐降低,并反向升高到1m/s左右。开始时刮板速度较小,刮板位移曲线变化较小;当刮板以大约1m/s的速度运动时,刮板位移曲线接近于一条等斜率的直线;在5s左右时刮板经首端链轮进入返程,刮板位移开始减小。在仿真中,各刚体部件都能够平稳地完成既定的运动,刮板速度和位移曲线的变化规律与预设工况下的真实变化规律相符,表明刮板输送机的多刚体动力学模型是完全可行的。

4.2　煤散料的分布特征

4.2.1　上下山工况

1. 上山 0° 工况

沿上下山方向,中部槽倾斜角度的绝对值大多在0°～20°,而多数工况以下山为主、上山为辅,在连续上下山工况中,上山与下山都存在,故选择上山5°、上山0°、下山5°、下山10°和下山15°工况进行仿真,上山0°工况即为输送机铺设在水平地面上。为了方便对不同工况下煤散料在中部槽中的分布特征进行比较,先分析上山0°工况的煤散料分布特征并以此作为后续的比较基准。仿真总时长为6s,颗粒工厂产生的煤散料在第一节中部槽处形成堆积,随着刮板的推动,在运输过程中,煤散料在第三节中部槽中的运行较为稳定,能较为清晰地反映煤散料的分布特征,因此选择第三节中部槽的煤散料作为观察对象进行分析。绘制中部槽中煤散料的位置云图,如图4.8所示,从上下两侧到中心表示煤堆积高度逐渐增加。

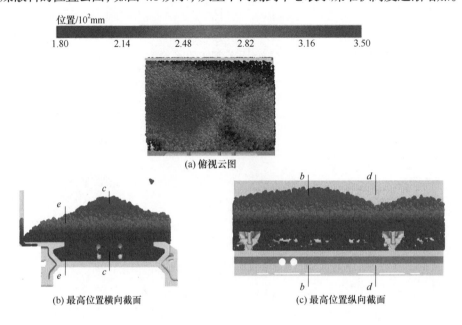

(a) 俯视云图

(b) 最高位置横向截面　　　　　　　(c) 最高位置纵向截面

(d) 最低位置横向截面

(e) 槽帮一侧纵向截面

图 4.8 煤散料在中部槽中分布的 Z 向位置图

图 4.8(a)是煤散料沿 Z 方向即竖直方向的位置分布云图，煤散料间歇地呈中间高、四角低类似菱形的堆状分布。图 4.8(c)、(e)分别是沿图(b)中的 *c-c*、*e-e* 线剖开的截面图，煤散料在刮板的前面堆积较高，在后面则形成凹陷，甚至会有空隙出现在刮板后面的两侧槽帮边缘。煤散料如何分布受刮板的位置影响，运输过程中煤散料会流向中部槽两侧槽帮以填满边缘空隙，形成的堆积态相对稳定。图 4.8(b)、(d)分别是沿图(c)中 *b-b*、*d-d* 处剖开的截面图，图 4.8(b)是堆积最高位置的煤散料横向截面图，中部槽中间位置煤散料堆积最高，向两侧缓慢降低；图 4.8(d)则是堆积最低位置的煤散料横向截面图，由中间最高向链条两侧凹陷，然后槽帮处又升高。

煤散料在中部槽运输过程中，以两节刮板间的区段为一个基本单元呈菱形堆状的周期性分布。在每节刮板的后面煤散料下凹，致使刮板后及其上部煤散料向下流动而使煤散料减少，而刮板后两侧位置的下凹程度大于中间位置，从而在前面基本单元形成菱形后半部分，在后面基本单元形成菱形前半部分，连接各基本单元煤散料便以菱形堆状呈周期分布。煤散料流动使其在刮板后两侧位置形成较大空隙，使得两侧凹陷大于中间位置形成 W 状分布。而且煤散料会向槽帮两侧流动并堆积，从而在槽帮中间形成煤散料运输通道，图 4.9 是煤散料沿 Y 向在中部槽中的速度云图，上方煤散料区是在中部槽中形成的有效煤散料运输通道，以近似 1m/s 的速度运输煤散料，底部区域速度接近于 0。

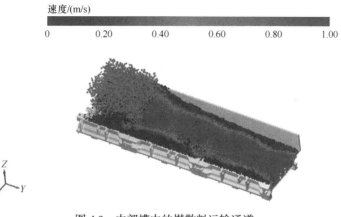

图 4.9 中部槽中的煤散料运输通道

2. 上下山不同角度工况

当中部槽倾斜时，上山时煤散料的运输阻力会增大，下山时煤散料的运输阻力会减小，进而影响煤散料的分布。本节对上下山不同角度工况下煤散料的分布特征进行对比分析，依旧选取第三节中部槽中两节中板间的煤散料进行分析。图 4.10 是 6s 时上下山不同工况下煤散料沿 Z 向的位置云图，各图 Z 向区间范围均为 180～350mm。

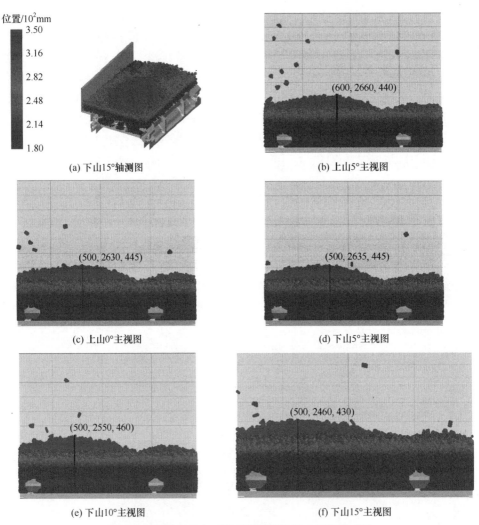

(a) 下山15°轴测图　　　　　　　　(b) 上山5°主视图

(c) 上山0°主视图　　　　　　　　(d) 下山5°主视图

(e) 下山10°主视图　　　　　　　　(f) 下山15°主视图

图 4.10　不同上下山工况下煤散料堆积 Z 向位置云图

对比上山 0°工况位置云图，由图 4.10(a)可知，下山 15°时煤散料的整体分布规律表现为间歇堆状分布，无明显变化。不同上下山中部槽倾斜角度在改变煤散料运输阻力的同时，必定会对煤散料的堆积形貌产生影响，仔细观察可以发现煤散料堆积最高点的位置出现了变化。设最高点与后一节刮板间距离为 L，最高点的 Z 坐标即其距中板的距离为 H，通过其变化可间接反映煤散料分布形态的改变，具体数据如表 4.4 所示，据此绘制不同工况下 H 和 L 值的变化趋势图，如图 4.11 所示。由图可知，H 值随上下山角度的改变并未发生显著变化，而 L 值从上山到下山依次递减，散料最高点的位置随下山倾斜角度的增大向后一节刮板靠近。

表 4.4　上下山工况下煤散料堆积最高点的位置坐标数据

上下山工况	H/mm	L/mm
上山 5°	440	460
上山 0°	445	430
下山 5°	445	425
下山 10°	460	350
下山 15°	430	260

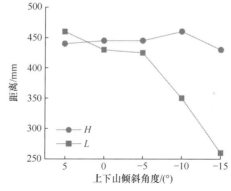

图 4.11　不同上下山工况下煤散料堆积最高点位置变化曲线

以两节刮板间区域为一个基本单元，煤散料分布形貌存在两个阶段的变化。仿真时设定颗粒工厂以恒定的速率在固定位置向中部槽装载煤散料，在装载区域煤散料落在中部槽中，从刮板开始推动煤散料到该单元离开装载区为第一阶段，单元离开装载区之后为第二阶段。第一阶段时，刮板推动落在刮板之间的煤散料开始随刮板一起运动，而落在刮板后面的煤散料在后一节刮板推动之前在中部槽中保持不动，随着刮板移动，在刮板的后面出现一段没有煤散料的空白区，致使刮板上方的煤散料流向新空白区，直至向后流动的、新装的及后一节刮板的煤散料填满空白区形成稳定的煤散料堆积形态，在这个过程中煤散料会以两节刮板为单元呈间隔状起伏。第一阶段时煤散料的堆积形态在上下山不同工况下差异不大，区别主要存在于第二阶段，堆积形貌因煤散料在两节刮板间的受力不同而产生差异。

　　煤散料流动与其堆积角有关，而堆积角是煤散料的物理特性，不随工况的变化而变化。上山工况下，随着上下山倾斜角度的增大，单元内接近前侧刮板的煤散料堆积角越来越小，其对堆积形状影响不大；接近后侧刮板的煤散料堆积角越来越大，达到堆积角后，煤散料与中部槽的夹角逐渐减小，致使堆积最高点位置前移。而下山工况与上山工况情形正好相反。相比上山工况，下山工况下煤散料向前一节刮板流动，在两节刮板之间分布更加均匀，堆积最高点更靠近后一节刮板，且运输的煤散料更多，因此下山 15°工况时煤散料运输量应当最多，上山 5°工况距离最大且运输量最少。图 4.12 给出了 6s 时不同上下山倾斜角度下一个单元内的煤散料质量。运输的煤散料质量随上下山倾斜角度的增大而增大，煤散料质量在下山倾斜角度增大到 15°时又略有降低，最高为下山 10°时的 182kg，最低为上山 5°时的 167kg，二者相差 9%。

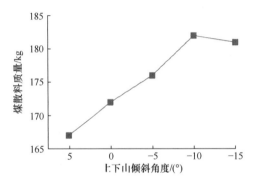

图 4.12　两节刮板间的煤散料质量随上下山倾斜角度的变化

4.2.2　中部槽沿推移方向倾斜工况

　　中部槽槽帮结构沿推移方向左右对称分布，因此只考虑中部槽沿一侧倾斜的情况，即中部槽向煤壁一侧倾斜。中部槽沿推移方向倾斜的角度大多为 0°~10°，仿真中选择 0°、5°、10°三个角度进行分析，煤散料的产生、仿真时间等条件均与上下山工况相同，中部槽的倾斜通过改变重力的方向设置来实现，如表 4.5 所示。

表 4.5　沿推移方向倾斜工况重力参数设置

倾斜工况	重力加速度/(m/s²)		
	X 向分量	Y 向分量	Z 向分量
倾斜 0°	0	0	−9.81
倾斜 5°	1.7	0	−9.66
倾斜 10°	2.54	0	−9.45

1. 煤散料在 Y 轴截面上的分布

当中部槽沿推移方向倾斜时，煤散料在槽帮内部的受力便会受到影响，进而影响煤散料的分布。为清晰反映槽帮内煤散料的运动状态和分布状况，特绘制了沿 Y 方向的煤散料速度云图，如图 4.13 所示。速度区间依照中部槽中链条和刮板的速率设为 0～1m/s，中心区域表示煤散料速度接近 1m/s，两侧区域表示煤散料静止不动。

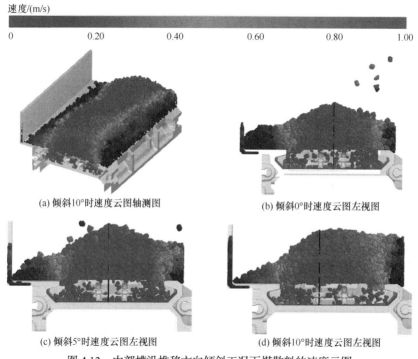

图 4.13　中部槽沿推移方向倾斜工况下煤散料的速度云图

图 4.13 中，图(a)是中部槽沿推移方向倾斜 10°时的煤散料速度云图轴测图，图(b)、(c)、(d)分别是倾斜 0°、5°、10°时的煤散料速度云图左视图。由图可知，中间中心区域是有效输送的煤散料，而两侧煤散料静止不动。煤散料随中部槽倾斜而向倾斜一侧堆积，如图 4.13(d)中倾斜 10°时煤散料向槽帮右侧大量，堆积使其高度远大于左侧堆积高度，煤散料堆积横截面呈类似于"厂"字形，而倾斜 0°时呈"人"字形。中部槽倾斜使煤散料堆积最高点偏移，以 0°为基准，其他两种角度最高点偏移距离如表 4.6 所示，H 为最高点高度即距中板距离，L 为横移距离，左移为负，右移为正，并依此绘出其变化趋势，如图 4.14 所示。随倾斜角度的增大，最高点的高度无明显变化，但明显左移且移动距离与倾斜角度呈正相关。

表 4.6　煤散料堆积最高点的高度及横向偏移数据

倾斜工况	H/mm	L/mm
倾斜 0°	450	0
倾斜 5°	470	−30
倾斜 10°	450	−90

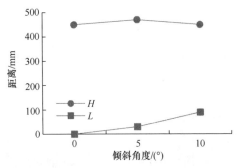

图 4.14　不同倾斜角度下煤散料堆积最高点位置变化曲线

类似上下山工况，槽帮向右侧倾斜使煤散料堆积形态受重力相对于中部槽方向改变和堆积角不变的影响。倾斜 0°时，煤散料堆积形状类似于"人"字形，增大倾斜角度，煤散料堆积角不变，中板与右侧煤散料堆积斜面间夹角逐渐减小，左侧斜面影响不大，堆积最高点左移，故堆积形状由"人"字形渐变为"厂"字形，左侧煤散料向右流动，堆积在左侧边缘的煤散料明显变少。

2. 煤散料的质量分布

煤散料随中部槽沿推移方向倾斜而聚集向槽帮一侧，分析比较槽帮两侧输送的煤散料质量以便对煤散料的集中程度进行量化。图 4.15(a)为倾斜 10°工况下在 6s 时刻第三节中部槽中煤散料、刮板和链条的位置关系，因两侧煤散料分布不均，刮板略微倾斜。图中线框内的刮板两侧中部槽区域 A 和 B 为固定区域，不随刮板运动，两个区域包含线框所示截面内中部槽中的所有煤散料。图 4.15(b)、(c)、(d) 分别给出了三种倾斜角度下两区域内的煤散料质量曲线。

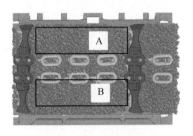

(a) 煤散料、刮板和链条的位置关系

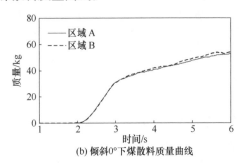

(b) 倾斜 0°下煤散料质量曲线

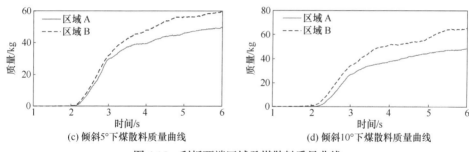

(c) 倾斜5°下煤散料质量曲线　　　　(d) 倾斜10°下煤散料质量曲线

图 4.15　刮板两端区域及煤散料质量曲线

可以看出,在同一时刻,倾斜 0°时两区域煤散料质量基本相同,倾斜 5°和 10°时 B 区域煤散料质量比 A 区域明显要大,且倾斜 10°时两者差值更大。计算 6s 时两区域间煤散料的质量比,结果如表 4.7 所示,数据显示,倾斜角度越大,质量分布越不均匀。

表 4.7　三种工况下区域 A、B 在 6s 时的煤散料质量及其比例

倾斜工况	区域 A/kg	区域 B/kg	M_A/M_B
倾斜 0°	53	54	0.98
倾斜 5°	50	60	0.83
倾斜 10°	48	65	0.74

4.2.3　不同运量工况

颗粒工厂原本的煤散料的产生速率为 200kg/s,通过在此基础上增大煤散料产生速率来增大运量。相对于上山 0°工况,不同运量工况只需在仿真中改变颗粒工厂的煤散料产生速率即可,不需做其他改变。图 4.16 是三种运量下仿真完成时刻中部槽中煤散料沿 Z 向的堆积位置云图,图(a)是装载速率为 400kg/s 的轴测图,图(b)、(c)、(d)分别为装载速率 200kg/s、300kg/s、400kg/s 时的主视图。

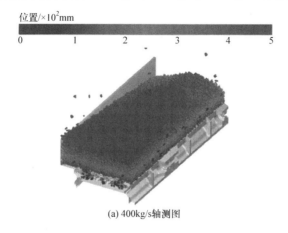

位置/×10²mm

0　　　1　　　2　　　3　　　4　　　5

(a) 400kg/s轴测图

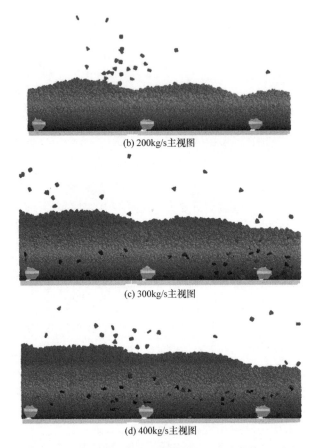

(b) 200kg/s主视图

(c) 300kg/s主视图

(d) 400kg/s主视图

图 4.16　不同装载速率时煤散料的 Z 向堆积位置云图

　　当装载速率为 200kg/s 时，煤散料整体呈波浪线形堆积，煤散料量的分布在一个波浪即两节刮板间差别不大；当装载速率为 300kg/s 时，煤散料堆积形貌表现为左高右低，每两节刮板间具有一定的波浪线形，运煤量从左向右呈递减趋势；当装载速率为 400kg/s 时，煤散料左高右低堆积幅度加大，具体表现为从右向左逐级上升的阶梯状堆积。运输速率随装载速率的增大而升高，但它是一个逐渐增大的过程，直到运输速率达到装载速率为止。当装载速率为 200kg/s 时，运输速率很快达到该值，因此每两节刮板间的煤散料保持基本一致的分布；而装载速率为 300kg/s 和 400kg/s 时，相同时刻下运输速率仍在增大但并未达到装载速率，煤散料表现出从右向左递增趋势堆积。

　　选取第二节中部槽的中间位置提取流过该截面的煤散料质量流率数据，据此绘制三种运量下中部槽中煤散料的质量流率随时间的变化曲线，如图 4.17 所示。三条曲线均呈现峰值逐渐变大的趋势，当装载速率为 200kg/s 时，质量流率增速最慢，最大值达 200kg/s 左右，已基本接近装载速率，其余两条曲线均表现为逼近但未达到其装载速率。颗粒工厂煤散料实际生产速率为 340kg/s 左右，故装载速率为 400kg/s 对应的曲线峰值仅比 300kg/s 时略大。而且随装载速率的增大，煤散料更加均匀分布，煤散料堆顶更加平缓，质量流率曲线由开始的抛物线形状渐变为梯形状。

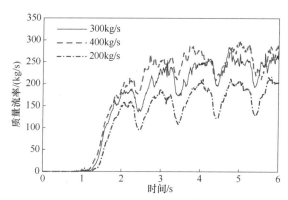

图 4.17　不同运量工况下中部槽中煤散料的质量流率随时间的变化曲线

4.2.4　槽帮局部堆积工况

煤散料在运输过程中发生漏顶煤时会在槽帮一侧形成堆积，槽帮局部堆积工况是为了模拟这种情况，仿真选取煤散料无堆积、煤散料堆积 200kg 和煤散料堆积 400kg 三种情形进行分析，从有无堆积和堆积多少两个角度分析煤散料局部堆积对运输过程的影响。不同于前面几种工况，如图 4.18 所示，该工况需要在第二、三节中部槽连接处上方再增设一个颗粒工厂 2，其长、宽、高分别为 500mm、500mm、400mm，与中板相距 700mm，设置其煤散料生成总量分别为 200kg 和400kg，煤散料产生速率与颗粒工厂 1 相同。

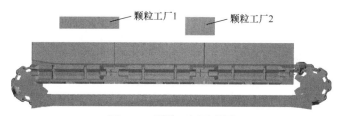

图 4.18　颗粒工厂示意图

图 4.19 给出了煤散料局部堆积 400kg 的流动速度矢量云图，图(a)是 3.5s 时煤散料速度矢量云图主视图，图中左侧正在落下的颗粒流是模拟采煤机向中部槽装填煤散料，右侧颗粒流是模拟从顶板落下的堆积煤散料。图(b)、(c)、(d)分别为 3s、3.5s、4s 时刻沿图(a)中的 a-a 线剖切煤散料所得速度矢量云图，颗粒用

箭头矢量来表示。散料在 3s 时刚落到槽帮上，到 3.5s 时已在槽帮中正在运行的颗粒上形成堆积，图(c)的右上角是煤散料此刻沿 Y 方向的分速度云图，比较发现两图中堆积的煤散料和槽帮内的煤散料在 Y 方向上存在速度差。图(e)和(f)分别为 3.5s 时沿图(c)中 e-e、f-f 线剖开所得的速度矢量云图，图(e)中线圈内的部分是受堆积影响最显著的区域，颗粒速度较小，这是该处煤散料受前方下落煤散料的阻力和下方煤散料向右的力共同作用的缘故。图(f)中煤散料集中分布在槽帮两侧边缘，槽帮边缘作为运动煤散料与静止煤散料的作用分界线，该界限分布也受到堆积煤散料的影响。

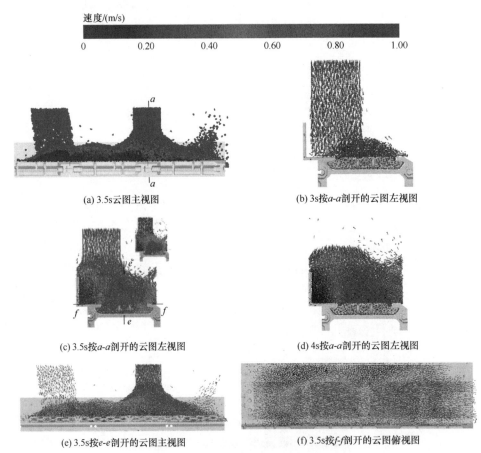

图 4.19　堆积处煤散料的速度矢量云图

在槽帮局部堆积工况下，从顶板处落下的煤散料先流向槽帮两侧的空白区，之后在槽帮内形成堆积。堆积煤散料大部分在槽帮内原有煤散料的带动下一起沿煤散料运输方向流动，只有少部分煤散料出现逆运输方向流动。在运输过程中，上方堆积的煤散料与底层原有煤散料存在一定的速度差，在槽帮两侧堆积的煤散料暂时处于静止状态,等待槽帮中的煤散料减少后逐渐流向槽帮中间被运离。

煤散料的质量流率描述流经中部槽的煤散料质量随时间的变化,以此来反映中部槽中煤散料的运输状况。图 4.20 是三种堆积量下槽帮堆积处煤散料的质量流率曲线,煤散料的质量流率在无堆积工况下随时间发生周期性变化,堆积工况下煤散料质量流率在 4s 前与无堆积工况有较高的吻合度,4s 后显著升高,表明堆积煤散料开始被运离,之后质量流率总体上处于一个高位,煤散料运输量相对增多,但曲线仍然呈周期性变化。对比发现,煤散料堆积越多,其质量流率越大,但煤散料质量流率最终变化趋势接近于无堆积工况。将堆积工况与无堆积工况的煤散料质量流率相减以获得堆积煤散料的质量流率曲线,如图 4.21 所示。当煤散料堆积量为 400kg 时,质量流率在增加到 120kg/s 左右后维持稳定波动一段时间,随后逐渐下降;而当煤散料堆积量为 200kg 时,质量流率在升高到 80kg/s 左右后,维持极短的时间便逐渐减小。这一现象表明,当煤散料堆积量较大时,由于中部槽的运输能力有限,质量流率上升到一定值便不再增加;当堆积量较小时,煤散料质量流率未达到中部槽最大运载能力便逐渐减小。

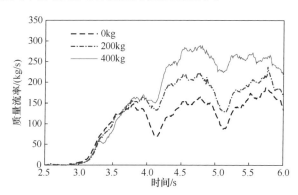

图 4.20　不同堆积量下槽帮堆积处煤散料的质量流率曲线

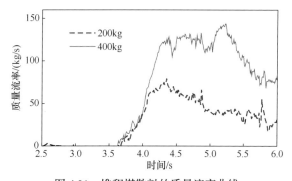

图 4.21　堆积煤散料的质量流率曲线

4.3　散料压缩力的分布特征

4.3.1　上下山工况

1. 上山 0°工况

在整个仿真过程中，5s 时中部槽内的煤散料运输已趋于稳定，选择此时的煤散料绘制其内部压缩力云图，如图 4.22 所示。图(a)是沿图(c)中 *e-e* 线所在的与 *X* 轴相垂直的平面剖开后的煤散料压缩力云图，*e-e* 线位于槽帮内沿与链条之间，距挡板边缘 375mm 的位置，云图中压缩力范围为 0~15N。每节刮板前槽帮内部的煤散料主要以用线框标出的煤散料为主，槽帮以上低压缩力煤散料居多，由此可知，煤散料压缩力在中部槽槽帮以上部位明显小于槽帮内部。图(b)是沿与 *Z* 轴相垂直的平面剖开后的煤散料压缩力云图，该平面为图(c)中距槽帮上沿 120mm 的 *f-f* 线所在平面，压缩力范围为 0~45N。图(c)是沿垂直于 *X* 轴的平面剖开后的煤散料压缩力云图，该平面为图(b)中 *g-g* 线所在平面，*g-g* 线位于距刮板中心线 126mm 的链环中心。把两节刮板间的槽帮内部区域划分为 A、B、C、D、E、F 六个立方体区域，如图(b)、(c)所示。图(b)中 A、B、C 区域高压缩力煤散料居多，

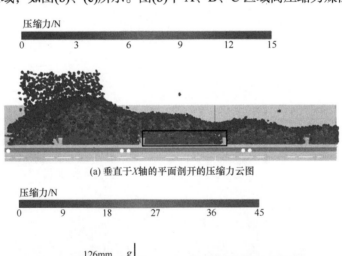

(a) 垂直于 *X* 轴的平面剖开的压缩力云图

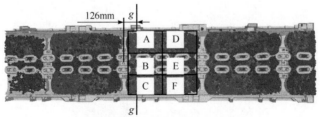

(b) 垂直于 *Z* 轴的平面剖开的压缩力云图

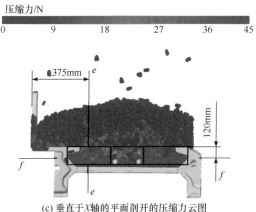

(c) 垂直于 X 轴的平面剖开的压缩力云图

图 4.22　5s 时刻煤散料压缩力云图

D、E、F 区域低压缩力煤散料居多，A、B、C 中 B 区域较少，而 D、E、F 中 E 区域更多。因此，煤散料压缩力沿 Y 方向分布，显然左侧 A、B、C 区域大于右侧 D、E、F 区域，沿 X 方向链间 B 区域小于 A 和 C 区域，E 区域小于 D、F 区域。统计 5s 时 6 个区域内煤散料平均压缩力数据，如表 4.8 所示。其中 F_D/F_A=22%、F_E/F_B=16%、F_F/F_C=19%，平均值为 19%；F_B/F_A=78%、F_B/F_C=81%、F_E/F_D=58%、F_E/F_F=69%，平均值为 72%。两节刮板间区域的煤散料压缩力沿 Y 方向前半部分约占后半部分的 19%，沿 X 方向两链条间区域约占槽帮与链条间区域的 72%。

表 4.8　5s 时 6 个区域的煤散料平均压缩力

区域	平均压缩力 F/N
A	87
B	68
C	84
D	19
E	11
F	16

　　槽帮内的煤散料在运输过程中受中板、槽帮和刮板的挤压作用，且煤颗粒间存在摩擦作用，槽帮内底部煤散料带动上部堆积煤散料向前运输，因此槽帮顶部的煤散料压缩力要小于槽帮内部。煤散料在刮板推动下运动，推力作用以其本身为媒介向前传递，前面煤散料由后面煤散料推动，这致使更大的压缩力作用于后面煤散料。加之煤散料受槽帮与中板的向后摩擦力作用，前方煤散料发生相对后移，使得两节刮板间的区域内前一节刮板附近煤散料渐渐稀疏，压缩力降低，相反后一节刮板附近煤散料逐渐稠密，因煤散料挤压聚集而压缩力增大。槽帮与链

条间相对于两链条间有更大的空间有助于散料流动,且煤散料压缩力与挤压作用成正比,而链条的运动使链条间煤散料的集聚挤压效果受到一定的削弱。

煤散料在运输过程中,其对于固定部件的压缩力分布与刮板等运动部件不同。以 A、B、C 三个区域为例,将其看成与槽帮固定的区域,分析其压缩力分布特征。图 4.23 为 A、B、C 三个区域随时间变化的煤散料平均压缩力曲线,煤散料在固定区的压缩力大约以 1s 为周期呈周期变化,两节刮板间在煤散料经过时前半段区域的压缩力较小,后半段区域的压缩力较大。

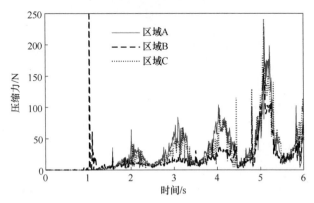

图 4.23 固定区域煤散料的压缩力曲线

2. 上下山工况

针对上下山不同工况,与前面一样选取 5s 时第二节中部槽内两节刮板间的区域并将其划分成六个区域,统计 A、B、D、E 四个区域的平均压缩力数值,如表 4.9 所示。以此数据绘制四个区域煤散料平均压缩力随上下山倾斜角度的变化曲线,如图 4.24 所示。

表 4.9 5s 时刻四个区域的煤散料平均压缩力数值

上下山倾斜角度/(°)	F_A/N	F_B/N	F_D/N	F_E/N
5	174	79	20	11
0	85	35	18	13
−5	137	24	12	8
−10	72	16	14	5
−15	56	15	18	8

分析可知,随下山角度的增大,煤散料平均压缩力在 A、B 两区域均降低,A 区域由上山 5°时的 174N 到下山 15°时的 56N,下降了 68%;B 区域的煤散料平均压缩力由上山 5°时的 79N 下降到下山 15°时的 15N,下降了 81%,两区域的

下降幅度均值为 75%。而煤散料在 D、E 区域的初始压缩力就较小,随下山角度的增大,其变化不大。在下山工况中,煤散料在两节刮板间的压缩力分布更为均匀,图 4.25 为 F_D/F_A 随上下山倾斜角度的变化曲线,下山 5°时 F_D/F_A 值最小,为 9%,而下山 15°时变为 32%。

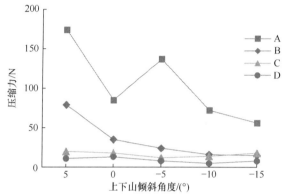

图 4.24　上下山工况下各区域煤散料的压缩力变化曲线

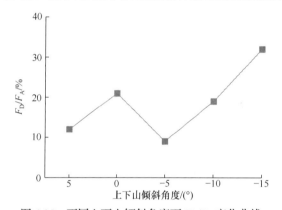

图 4.25　不同上下山倾斜角度下 F_D/F_A 变化曲线

因上下山工况的影响,重力对于煤散料的运输效果发生了变化。上山工况时重力沿煤散料运输方向的分力与煤散料运输方向相反,对煤散料运输形成阻力,下山工况时对煤散料运输起推动作用。上山工况时煤散料因受重力分力的影响,向后一节刮板靠拢的趋势加大,煤散料在后一节刮板区域(如 A 和 B 区域)的压缩力变大,在前一节刮板区域(如 D 和 E 区域)的压缩力变小。而下山工况的煤散料压缩力分布与之恰好相反,压缩力分布更加均匀。

4.3.2　中部槽沿推移方向倾斜工况

中部槽的倾斜使得槽帮内部煤散料压缩力分布发生变化,图 4.26 是中部槽沿推移方向倾斜 10°时在槽帮中部沿垂直于 Z 轴的平面剖开后的煤散料压缩力云图，压缩力范围为 0～120N。可以看出，高压缩力煤散料集中分布在每节刮板前的链条两侧，且链条右侧 C 区域明显多于左侧 A 区域，即右侧区域压缩力分布大于左侧区域。将 A、C 区域与其后面的刮板固连后，描绘其煤散料平均压缩力随时间的变化曲线，如图 4.27 所示。可以看出，煤散料在 C 区域的压缩力大于 A 区域，两条曲线从 3.5s 开始计算其各自的压缩力平均值，A、C 区域在 3.5s 后的压缩力平均值分别为 83N 和 118N，A 区域压缩力平均值约占 C 区域的 70%。

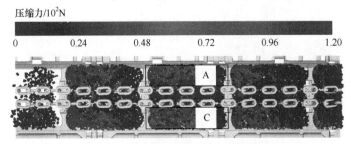

图 4.26　槽帮内部煤散料的压缩力云图

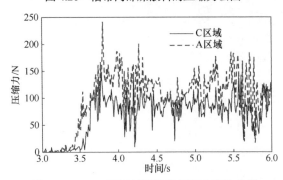

图 4.27　A、C 两区域煤散料压缩力变化曲线

　　分别计算倾斜 0°、5°和 10°时 A、C 区域的煤散料压缩力平均值，具体数据如表 4.10 所示。由表可知，中部槽倾斜角度越大，煤散料压缩力在链条两侧分布越不均匀。

表 4.10　三种工况下 A、C 两区域煤散料平均压缩力大小及其比值

槽帮倾斜角度/(°)	F_A/N	F_C/N	F_A/F_C
0	102	106	96%
5	119	138	86%
10	83	118	70%

　　中部槽倾斜使得槽帮内煤散料向一侧积聚，两节刮板间在靠近前一节刮板的

煤散料压缩力小于靠近后一节刮板的压缩力，而链条两侧在后一节刮板附近的槽帮倾斜一侧的煤散料压缩力最大，这种不均匀分布会使刮板受力不均，影响其正常运行。

4.3.3 不同运量工况

图 4.28 是在 400kg/s 的装载速率下 5s 时刻中部槽内部煤散料压缩力云图。可以看到，煤散料压缩力的分布在每节刮板前面较大，刮板前的高压缩力颗粒分布从右向左逐渐变多，压缩力增大。选取图中黑色边框固定区域 S 分析煤散料运量与压缩力的关系，两节刮板间 S 区域在 2.1s、3.1s、4.1s、5.1s 时都属于后半段区域，统计不同运量下其内煤散料在这些时间点的质量流率和平均压缩力，为避免煤散料压缩力在每个时间步变化较大的影响，取其前后 5 个时间步的压缩力平均值，获得 11 组有效数据，如表 4.11 所示。

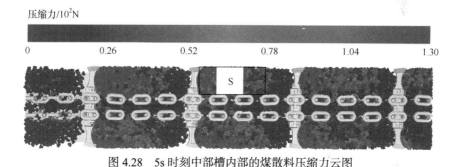

图 4.28　5s 时刻中部槽内部的煤散料压缩力云图

表 4.11　区域 S 煤散料的质量流率及平均压缩力

质量流率/(kg/s)	压缩力/N	质量流率/(kg/s)	压缩力/N
152	36	245	119
169	75	246	84
180	54	247	96
193	56	257	93
194	63	282	124
233	77		

以质量流率为横坐标、煤散料压缩力为纵坐标，借用 MATLAB 曲线拟合中的多项式拟合功能拟合煤散料质量流率和压缩力关系曲线，获得它们的拟合关系式为 $y=0.57x-45$，$R^2=0.78$，如图 4.29 所示，由于质量流率在仿真中采集到的数据区间为 152～282kg/s，此线性关系式可用于质量流率在 150～300kg/s 范围内的情况。

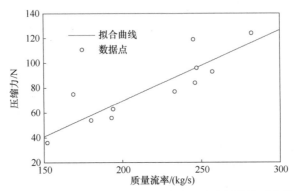

图 4.29　中部槽中煤散料质量流率与压缩力线性关系曲线

4.3.4　槽帮局部堆积工况

　　针对煤散料在槽帮局部堆积工况,图 4.30 给出了槽帮内煤散料在 3.5s 时的压缩力云图,局部堆积处的煤散料压缩力在刮板前明显大于其他区域,根据图中 A、B、C 三个固定区域的压缩力数值描绘其压缩力变化曲线,如图 4.31 所示。煤散料在区域 A 和区域 C 的压缩力分布差别不大,但压缩力比 B 区域要大,A、C 区域由于煤散料突然堆积,煤散料压缩力呈现出峰值瞬间大幅升高,随后逐渐降低趋于稳定的变化趋势,而煤散料压缩力在 B 区域虽也有上涨但幅度不大。根据煤散料压缩力在 C 区域周期变化中的峰值点拟合其峰值变化曲线,近似地反映了槽帮内煤散料压缩力的变化规律。

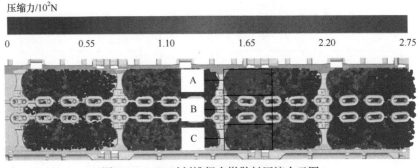

图 4.30　3.5s 时刻槽帮内煤散料压缩力云图

　　煤散料在槽帮一侧突然局部堆积不仅会对正在输送的煤散料形成冲击,还会使得运输煤量突然激增而不能被一节刮板一次性运离,致使煤散料压缩力瞬间增大,然后随着煤散料被运离而逐渐减小,而在局部堆积的中部槽固定区域内,煤散料压缩力发生周期性变化的同时其峰值也逐渐下降。

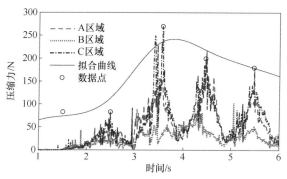

图 4.31　煤散料堆积处槽帮内压缩力变化曲线

4.4　煤散料对主要部件的载荷特征

4.4.1　上下山工况下中板与刮板所受载荷

1. 煤散料对中板的载荷

图 4.32 是仿真中 6s 时的第二节中部槽示意图，以 A、B 两区域为例分析煤散料对中板的载荷，A、B 两区域分别处于链条正下方和槽帮与链条的中间位置。图 4.33 是在煤散料运输方向上 A、B 两中板区域的受力曲线。由图可知，总体上，两区域所受载荷的变化规律保持一致，B 区域比 A 区域受力更为稳定且规律性更强，这是由于 A 区域除受到煤散料的作用外，还受链条作用的影响，煤散料在链条对其的作用下对中板产生更大的载荷，使中板所受载荷突然增大。将一节刮板及其推动的煤散料视为一个单元，则中板所受作用力总体上随时间呈周期性变化，周期为一个单元经过两区域的时间。

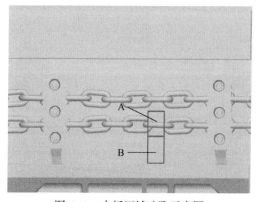

图 4.32　中板区域选取示意图

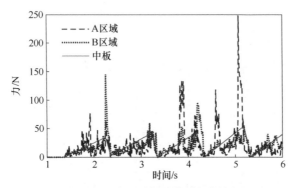

图 4.33　中板局部区域受力曲线

上下山工况对煤散料施加于中板载荷的影响与对煤散料压缩力的影响类似。随下山角度的增大，煤散料对中板载荷的周期性变化幅度逐渐变弱，分布更加均匀。

2. 煤散料对刮板的载荷

在煤散料输送过程中，煤散料对刮板产生阻碍其运动的作用力，阻力借由刮板传递到其他部件。以上山 0° 工况为参考，对比分析不同上下山倾斜角度下的载荷特征。

受不同上下山工况的影响，重力沿煤散料运输方向的分力对煤散料产生不同的作用效果。与现实中煤散料会发生破碎相反，仿真中颗粒模型的不可破碎性使得卡在中板与刮板间的煤散料与刮板间的相互作用力远大于实际值，为避免该偶然情况造成载荷突变的影响，对比不同倾斜角度下刮板 1、3 所受阻力，根据计算得到的两刮板不同倾斜角度下的阻力平均值绘制其变化曲线，如图 4.34 所示。可以看出，整体上，随倾斜角度减小，两刮板所受的平均阻力随之降低，重力沿煤散料运输方向的分力由上山时的阻力变为下山时的助力，所以煤散料对刮板的阻

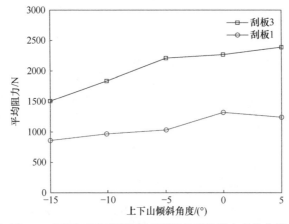

图 4.34　不同工况下煤散料对刮板的平均阻力变化曲线

力整体呈下降趋势。对比不同工况与上山 0°工况下煤散料对刮板的阻力，结果如图 4.35 所示。结果表明，下山工况下煤散料对刮板的阻力更小，下山 15°时仅为上山 0°时的 65%，大大降低了运输成本。

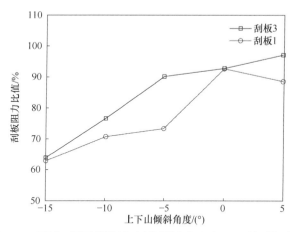

图 4.35　不同工况下煤散料对刮板阻力与上山 0°工况下的对比

4.4.2　中部槽沿推移方向倾斜工况下链条受力

中部槽沿推移方向倾斜使得沿 X 方向煤散料的载荷分布不均,链条拉力也因此受到影响。当倾斜 0°时，两链条拉力受链传动多边形效应的影响呈基本同步的周期性变化。当倾斜 5°时，在 2.5s 时刻前两链条拉力变化基本相同，之后链 1 拉力波动强于链 2，但总体上链 2 拉力明显大于链 1。当倾斜 10°时，链 1 拉力整体比较稳定，波动平缓；而链 2 拉力在 3s 时刻前波动较为稳定，但之后波动明显加剧，拉力变大。3 种工况下两链条拉力曲线在 4.5s 时刻后明显靠拢呈同步变化，这是因为刮板 2 与两接触副在 4.5s 时刻后移动到右侧链轮附近，链条拉力受到影响。当中部槽沿推移方向倾斜时，两链条拉力随时间波动的同步性明显削弱，不均匀程度加大，在链轮附近受多边形效应影响，其同步性较好，而离链轮较远时同步性明显变弱。

4.4.3　不同运量工况下刮板阻力与煤散料运量的关系

图 4.36 是装载速率为 400kg/s 时刮板所受煤散料阻力随时间的变化曲线。对仿真中进入槽帮推动煤散料的四节刮板依据先后顺序依次进行编号，记作刮板 1、刮板 2、刮板 3、刮板 4。从整体上看，在刮板 1 率先推动煤散料后，在 1s 左右阻力的第一个峰值出现，四节刮板所受煤散料阻力的最大峰值随时间逐渐升高。为分析刮板阻力与煤散料质量流率间的关系，统计刮板受到煤散料阻力后 1.5s 内的阻力平均值和对应的煤散料质量流率，结果如表 4.12 所示。据此以刮板阻力为纵坐标，以煤散料质量流率为横坐标，借用 MATLAB 的曲线拟合功能进行曲线

拟合，如图 4.37 所示。结果表明，曲线解析式为 $y=0.3162x^2-128.8x+15680$，$R^2=0.994$，各点呈二次函数分布。刮板所受煤散料阻力随着煤散料质量流率的加大而升高，且增速越来越快。

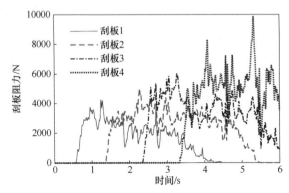

图 4.36　刮板受到的煤散料阻力曲线

表 4.12　刮板的煤散料阻力及质量流率数据

刮板	刮板阻力/N	煤散料质量流率/(kg/s)
1	2598	200
2	3171	250
3	4063	270
4	4884	290

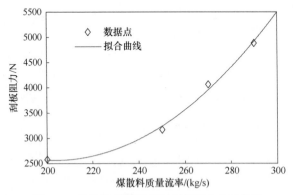

图 4.37　煤散料质量流率与刮板阻力关系曲线

4.4.4　槽帮局部堆积工况下链条和刮板受力

槽帮煤散料局部堆积会对链条和刮板造成很大的冲击，分析该工况下链条和刮板受力就显得十分必要。首先选择刮板 2 对局部堆积工况下煤散料对刮板的 Y

向阻力进行分析。如图 4.38 所示，刮板在大约 1.5s 时开始在中部槽中推动煤散料运动，堆积煤散料在 3s 左右开始落入中部槽，刮板 2 直到 5.5s 左右脱离中部槽。煤散料堆积 200kg 和堆积 400kg 工况与无堆积工况在 3s 之前阻力变化基本保持同步，刮板所受阻力从零升高后回落到某一值附近上下波动。无堆积工况 3s 之后刮板所受阻力保持稳定，直至刮板离开中部槽后降为 0；而两种堆积工况在 3s 附近阻力突然增大，3.25s 左右时达到最大，不同的是堆积 200kg 工况阻力突变后迅速下降，在 3.5s 之后与无堆积工况吻合度较高；而堆积 400kg 工况阻力在突变升高后保持一段时间的波动才逐渐降低直至刮板离开中部槽后降为 0。刮板所受煤散料阻力由于煤散料堆积的冲击作用急剧上升，但阻力是否会维持在一个较高的范围取决于煤散料的堆积质量，煤散料堆积越多，阻力越大，维持时段越长，但刮板所受阻力最终仍会趋近于无堆积工况的水平。

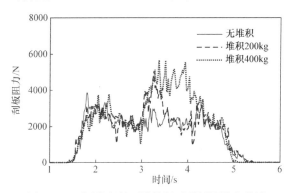

图 4.38　不同堆积量下煤散料对刮板的阻力曲线

4.5　本　章　小　结

本章针对上下山工况、中部槽沿推移方向倾斜工况、不同运量工况和槽帮局部堆积工况四种工况下的煤散料在中部槽中的分布进行了研究，得到了不同工况下煤散料的分布及其流动特征。在此基础上，对不同工况下煤散料的压缩力分布和主要部件的受力特征进行了分析，通过分析槽帮中煤散料的压缩力及其变化得到了压缩力分布特征，在此基础上分析了相关主要部件的受力，主要得出以下结论：

(1) 煤散料以两节中板为基本单元呈堆状间歇分布，并在每节刮板后煤散料向下凹陷。

(2) 在上下山工况下，下山角度越大，装载煤散料越多，分布越均匀。

(3) 在中部槽沿推移方向倾斜工况下，倾角越大，槽帮两侧煤散料分布越不均匀，质量相差越大。

(4) 在不同运量工况下，运量较大时煤散料沿逆运输方向在槽帮中的分布逐渐增多，运载量提高。

(5) 在槽帮局部堆积工况下，当煤散料堆积量较大时，由于中部槽的运输能力有限，质量流率上升到一定值便不再增加；当堆积量较小时，煤散料质量流率在未达到中部槽最大运载能力时便逐渐减小。

(6) 煤散料压缩力在槽帮内的分布存在显著的梯度。

(7) 煤散料对中板的载荷呈现锯齿状周期性变化。

(8) 在槽帮局部堆积工况下，堆积处的煤散料载荷呈周期性变化；受煤散料堆积影响，刮板阻力瞬间增大且持续时间的长短与堆积量有关，而链条拉力受此影响较小。

第5章 运载系统的接触力学效应及中板磨损分析

5.1 煤散料与中板的接触力学效应分析

5.1.1 煤散料与中板的接触形式及接触力

在运输中煤散料势必会接触到中板，其接触力的大小与中板的磨损有着密切联系。在研究煤散料与中板的接触时，观察重心应集中在接触力作用下中板会有什么变化，而不是作为力的施加者的煤散料的变化。因此，在煤散料与中板的接触中，中板被看成弹性半平面，而煤散料被看成刚体，以此来研究不同形状的煤散料与中板相互接触而产生的接触力大小和中板的应力应变特征。颗粒与中板的接触可以简化为圆柱体、球体、锥体刚体与弹性半平面之间的接触[1]。

1. 法向和切向表面力作用下弹性半空间体的变形

1) 法向表面力作用下弹性半空间体的变形

如图 5.1 所示，一表面集中力沿法线方向作用于弹性半空间体，按照弹性力学的有关知识，计算可得弹性半空间体表面在 $Z=0$ 时沿 X、Y、Z 方向的形变位移为

$$\begin{cases} u_X = -\dfrac{(1+\nu)(1-2\nu)}{2\pi E}\dfrac{x}{r^2}F_Z \\[2mm] u_Y = -\dfrac{(1+\nu)(1-2\nu)}{2\pi E}\dfrac{y}{r^2}F_Z \\[2mm] u_Z = \dfrac{(1-\nu^2)}{\pi E}\dfrac{1}{r}F_Z \end{cases} \tag{5.1}$$

式中，$r=\sqrt{x^2+y^2}$，x 和 y 为求解作用点的坐标；ν 为泊松比。

2) 切向表面力作用下弹性半空间体的变形

如图 5.2 所示，一表面集中力沿切线方向作用于弹性半空间体表面上一点，现以作用点为原点、力的方向为 X 轴建立坐标系，当 $Z=0$ 时表面的形变位移表达式为

$$
\begin{cases}
u_X = F_X \dfrac{1}{4\pi G} \left[2(1-\nu) + \dfrac{2\nu x^2}{r^2} \right] \dfrac{1}{r} \\[3mm]
u_Y = F_X \dfrac{1}{4\pi G} \dfrac{2\nu}{r^3} xy \\[3mm]
u_Z = F_X \dfrac{1}{4\pi G} \dfrac{1-2\nu}{r^2} x
\end{cases}
\tag{5.2}
$$

式中，G 为剪切模量。

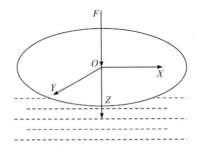 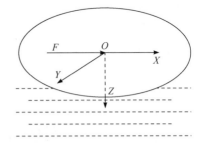

图 5.1　法向集中力作用于弹性半平面　　　　图 5.2　切向集中力作用于弹性半平面

2. 三种形状的颗粒产生的接触力

1) 圆柱体刚体与弹性半空间体之间的接触

在竖直向下的力 F_N 作用下，一个直径为 a 的圆柱体与弹性半空间体发生接触，半空间体与圆柱体间被压入深度为 d，如图 5.3(a)所示。图 5.3(b)是弹性半空间体的严重变形区示意图，该区域是一个边长为 D 的三维空间，在该区域内总变形与应力的数量级一样。其在法向上的应力分布为

$$
p = p_0 \left(1 - \frac{r^2}{a^2} \right)^{-\frac{1}{2}}
\tag{5.3}
$$

式中，$p_0 = E^* d/(\pi a)$ 为最大压力，$E^* = E/(1-\nu^2)$，E 为材料的弹性模量，ν 为泊松比。

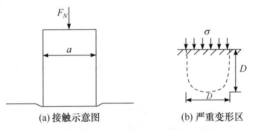

(a) 接触示意图　　　　(b) 严重变形区

图 5.3　圆柱体与弹性半空间体的接触

在接触区域内任意点沿垂直方向的位移均相同,则沿 Z 方向的弹性半空间体的严重变形区的垂直位移分量表达式为

$$u_Z = \frac{\pi p_0 a}{E^*} \tag{5.4}$$

产生的接触力表达式为

$$F_N = 2\pi p_0 a^2 = 2aE^* d = cd \tag{5.5}$$

式中,$c = 2aE$ 为接触刚度。

2) 球体刚体与弹性半空间体之间的接触

在一个弹性半平面体表面,压有一个半径为 R 的刚性球体,被压入深度设为 d,如图 5.4 所示。其中接触半径 a 可表示为

$$a^2 = Rd \tag{5.6}$$

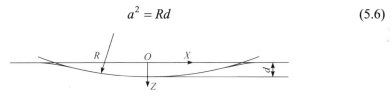

图 5.4　球体刚体与弹性半空间体的接触

接触面的压力按照赫兹压力分布规律分布,可表示为

$$p = p_0 \left(1 - \frac{r^2}{a^2}\right)^{\frac{1}{2}} \tag{5.7}$$

式中,p_0 为最大压力。

$$p_0 = \frac{2}{\pi} E^* \left(\frac{d}{R}\right)^{\frac{1}{2}} \tag{5.8}$$

在应力作用下,弹性半空间体沿垂直方向的分位移为

$$u_Z = \frac{1}{E^*} \frac{\pi p_0}{4a} \left(2a^2 - r^2\right) \tag{5.9}$$

两者间的接触力表达式为

$$F_N = \frac{2}{3} p_0 \pi a^2 = \frac{4}{3} E^* R^{\frac{1}{2}} d^{\frac{3}{2}} = cd \tag{5.10}$$

式中,c 为接触刚度。

$$c = \frac{4}{3} aE^* = \frac{4}{3} (Rd)^{\frac{1}{2}} E^* \tag{5.11}$$

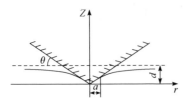

图 5.5　锥体刚体与弹性半空间体
的接触

3) 锥体刚体与弹性半空间体之间的接触

如图 5.5 所示，在一个弹性半平面体的表面压有一个刚性圆锥体，接触半径 a 和压入深度 d 间满足

$$d = \frac{\pi}{2} a \tan\theta \tag{5.12}$$

压力分布的表达式为

$$p(r) = -\frac{Ed}{\pi a (1-v^2)} \ln\left[\frac{a}{r} + \sqrt{\left(\frac{a}{r}\right)^2 - 1}\right] \tag{5.13}$$

接触力的表达式为

$$F = \frac{2}{\pi} E^* \frac{d^2}{\tan\theta} \tag{5.14}$$

5.1.2　典型的接触力学效应

中部槽在运输煤散料的过程中，煤散料与中板间的接触力主要存在于两者间的摩擦中，而摩擦主要以滑动摩擦和滚动摩擦的形式存在，这种接触对中板的磨损影响很大，故这两种发生在煤散料与中板之间的摩擦也可称为发生在两者间的接触力学效应。下面对刚性球体与弹性半空间体之间发生滑动和滚动摩擦时的接触受力特性进行分析。

1. 滑动接触

如果两物体相互接触时在它们之间有切向力存在，两物体便会产生相对运动的趋势。按照库仑摩擦定律，若两者间摩擦力小于切向力，则两物体就会发生相对滑动，形成滑动摩擦。滑动摩擦可分为局部滑动和完全滑动两个阶段，局部滑动发生在 $\tau < \mu p$ 阶段，完全滑动发生在 $\tau \geqslant \mu p$ 阶段。

若 $\tau < \mu p$，则整个圆形切向接触区域如图 5.6(a)所示，包括滑动区和黏着区两部分，其应力分布服从

$$\tau = \tau^{(1)} + \tau^{(2)} \tag{5.15}$$

$$\tau^{(1)} = \tau_1 \left(1 - \frac{r^2}{a^2}\right)^{\frac{1}{2}} \tag{5.16}$$

$$\tau^{(2)} = -\tau_2 \left(1 - \frac{r^2}{c^2}\right)^{\frac{1}{2}} \tag{5.17}$$

$$\tau_1 = \mu p_0 \tag{5.18}$$

$$\tau_2 = \mu p_0 \frac{c}{a} \tag{5.19}$$

由此可得，接触应力分布如图 5.6(b)所示。

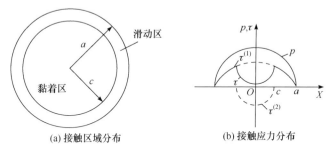

(a) 接触区域分布   (b) 接触应力分布

图 5.6 滑动接触区域及应力分布

沿 X 方向接触区域在切向力作用下的变形位移表达式为

$$u_X = \frac{\tau_1 \pi}{32Ga}\left[4(2-v)a^2 - (4-3v)x^2 - (4-v)y^2\right]$$
$$- \frac{\tau_2 \pi}{32Gc}\left[4(2-v)c^2 - (4-3v)x^2 - (4-v)y^2\right] \tag{5.20}$$

其中，在黏着区的位移一直保持恒定不变，为

$$u_X = \frac{(2-v)\pi\mu p_0}{8Ga}\left(a^2 - c^2\right) \tag{5.21}$$

切向接触力的表达式为

$$F_X = \frac{2\pi}{3a}\mu p_0\left(a^3 - c^3\right) = \mu F_N\left[1 - \left(\frac{c}{a}\right)^3\right] \tag{5.22}$$

其中，黏着区半径的表达式为

$$\frac{c}{a} = \left(1 - \frac{F_X}{\mu F_N}\right)^{\frac{1}{3}} \tag{5.23}$$

而当 $\tau \geqslant \mu p$ 时，接触区域开始发生完全滑动，接触力 $F_X = \mu F_N$。

2. 滚动接触

与局部滑动类似，滚动摩擦接触区域也存在滑动区和黏着区，依据 Carter 理论，滚动接触的应力分布可以通过已知的赫兹应力分布进行叠加构造，刚性球体与弹性半空间体之间发生滚动摩擦时滚动接触区域及应力分布如图 5.7 所示。按照滚动特性，沿滚动方向滑动区总是分布在后缘，黏着区分布在前缘，如图 5.7(a) 所示，图 5.7(b)为沿 X 轴方向的接触区中心的应力分布情况。

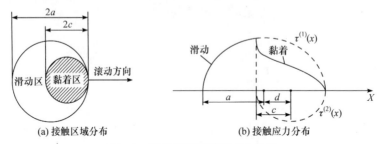

图 5.7　滚动接触区域及应力分布

接触区域的应力分布服从

$$\tau = \tau^{(1)}(x) + \tau^{(2)}(x) \tag{5.24}$$

式中，$\tau^{(1)}(x) = \tau_1 \sqrt{1 - \dfrac{x^2 + y^2}{a^2}}$；$\tau^{(2)}(x) = -\tau_2 \sqrt{1 - \dfrac{(x-d)^2 + y^2}{c^2}}$，且 $\tau^{(2)}$只在黏着区存在。

存在叠加应力的表面的形变位移表达式为

$$
\begin{aligned}
u_X = \frac{\pi}{32G} \Big\{ & \frac{\tau_1}{a} 4\big[(2-v)a^2 - (4-3v)x^2 - (4-v)y^2\big] \\
& - \frac{\tau_2}{c}\big[4(2-v)c^2 - (4-3v)(x-d)^2 - (4-v)y^2\big] \Big\}
\end{aligned}
\tag{5.25}
$$

切向接触力的表达式为

$$F_X = \frac{2}{3}\pi a^2 \tau_1 - \frac{2}{3}\pi c^2 \tau_2 = \mu F_N \left[1 - \left(\frac{c}{a}\right)^3\right] \tag{5.26}$$

式中，黏着区半径的表达式为

$$\frac{c}{a} = \left(1 - \frac{F_X}{\mu F_N}\right)^{\frac{1}{3}}$$

5.1.3　煤散料与中板间的接触力学效应

煤散料与中板间的接触以滑动接触和滚动接触为主，而煤散料与中板间的滑动和滚动接触生成的中板磨损称为煤散料与中板的接触力学效应。前面对两种接触下的接触受力特性从理论角度进行了分析，接下来的重点是对煤散料与中板接触面间的滑动和滚动接触的分布进行分析。

煤散料与中板间接触面发生滑动和滚动接触的程度可以通过煤散料的平均角速度来进行表征，当颗粒角速度较小时主要为滑动接触，而当颗粒角速度较大时以滚动接触为主。从中部槽中选择固定空间作为观察对象，获取在仿真中流经该片区域的煤散料角速度，图 5.8 给出了从第三节中部槽选取的 5 个固定小空间的具体分布位置。中部槽沿 X 方向两侧对称，所以仅选取一侧空间进行观察，5 个空间各自对应链条之间、链道及链条一侧不同位置所在的空间，各空间的高度均设定为 50mm，煤粒大小约为 40mm，5 个空间内煤散料的平均角速度均随时间进行周期近似 1s 的周期性变化。

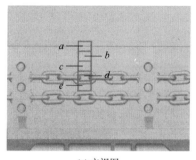

(a) 主视图

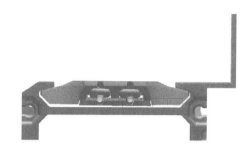

(b) 右视图

图 5.8　5 个空间在中部槽中的位置

已知在中部槽中刮板的运行速度为 1m/s，相邻两节刮板间的间隔大约为 1m，则每两节刮板途经这片空间所需的时间近似 1s，说明煤散料角速度曲线呈周期性变化与刮板的运动有关。结合前文的煤散料及其压缩力分布可知，在每节刮板后面只有较少的煤散料松散分布，载荷较小，但相对而言，这些煤散料又处于两节刮板的最前方，所以以角速度较大，与中板的接触表现为滚动接触，但仅占整个周期的小部分；而其余煤散料堆积稠密，压缩力较大，角速度较小，与中板的接触以滑动接触为主。d、e 空间分别处在链道及两链条间的位置，颗粒与中板的接触因链条运动的影响主要表现为滚动接触，而处在槽帮和链条间的其余三个空间的煤散料以滑动为主。对 5 条曲线求各自对应的平均值，结果统计如表 5.1 所示，由此可求得 5 条曲线的整体平均值为 1.6rad/s。槽帮中煤散料在刮板的推动下一起向前运动，速度为 1m/s，且煤散料的外接球半径不超过 20mm，若在中板上做纯滚动，则其角速度至少为 50rad/s，而根据所测数据求得的整体平均值仅为 1.6rad/s，说明煤散料主要以滑动为主、滚动为辅的形式在中板中运动，在滑动中伴随有少量的滚动行为。

表 5.1　5 个空间颗粒角速度平均值

空间	平均角速度/(rad/s)
a	1.4
b	1.9
c	1.3
d	1.5
e	1.8

煤散料与中板间的接触分布特征主要表现为：煤散料整体以滑动为主、辅以滚动的形式在中板上运动；沿 *Y* 方向，煤散料与中板在固定空间的接触形式与途经煤散料相对于刮板的位置相关，一小部分处于每节刮板后方的煤散料有着较大的角速度，接触形式以滚动为主，而其余部分煤散料的角速度较小，接触形式以滑动为主；沿 *X* 方向，煤散料在链道及两链条间的角速度受链条运动的影响要大于在槽帮和链条间的角速度，煤颗粒存在较为显著的滚动。

5.2　中板磨损仿真与试验研究

5.2.1　中板磨损仿真研究

在仿真研究中，仿真结果的准确程度直接取决于用于仿真的模型精确程度。为了尽可能真实地对刮板输送机与磨粒磨损试验机的作业过程进行模拟，应在对其作业原理有着较为深刻的理解基础上，创建仿真所用模型，以便进行中部槽磨损研究。仿真结果的准确性在一定程度上取决于创建的颗粒模型与实际煤散料间的差距，但建模过程中模型越复杂，仿真所需时间越长，这就要求在明确仿真条件和计算精度的前提下，合理构建颗粒模型。为实现对中部槽磨损行为的真实模拟，研究选用 ML-100C 改进型磨粒磨损试验机，并根据其原理创建对应的三维几何模型。在创建三维几何模型时，应保证对中部槽作业原理已经有较为深刻的理解，才能使得耦合模型尽可能地接近于实际。作为仿真研究的基础工作，确保模型创建及其参数设置的合理性在整个仿真研究中占据着很高的重要性。

1. 煤颗粒模型

现实中的煤散料形态万千且无标准形状，为模拟典型煤颗粒，在 EDEM 软件中将多个小球组合在一起创建颗粒模型，仿真的求解速度与其结果的准确度直接取决于模型与真实煤颗粒的相似程度，相似程度越高，结果的精准度越高。但构建颗粒模型所用小球不可过多，以保证颗粒工厂能够以合适的速度生成颗粒，同时避免颗粒间接触计算过于复杂而使仿真求解时间延长。

为验证所建颗粒模型的准确性，可借用堆积角虚拟试验标定煤散料宏细观参数，进而利用煤散料堆积角来表征颗粒的流动性能，同时验证颗粒模型[2-4]。在磨损仿真试验之前，通过简单的煤散料堆积角试验对建立的六种形状的颗粒进行筛选，最终确定了与真实试验堆积角误差仅有 0.4% 的 10 球颗粒模型作为研究磨损的颗粒模型[5]。图 5.9 为颗粒模型与实际煤颗粒示意图。

(a) 颗粒模型　　　　　　　　　　(b) 实际煤颗粒

图 5.9　颗粒模型和实际煤颗粒示意图

1) 磨粒磨损试验机离散元磨损仿真选用的煤颗粒

本节磨粒磨损试验机磨损仿真所用的颗粒平均粒径为 5mm，颗粒工厂在 4～6mm 范围内随机产生煤颗粒，颗粒总质量设置为 1kg。结合试验机仿真磨损预试验，在确保颗粒不会出现飞溅的前提下，使料槽内参与磨损的煤颗粒数量充足。

2) 刮板输送机中部槽耦合磨损仿真选用的煤颗粒

经由采煤机开采得到的煤散料有小粒径粉末状的煤粉，也有粒径为几百毫米的大颗粒，尺寸范围很广。现按照《煤炭产品品种和等级划分》(GB/T 17608—2006)[6]对煤炭粒度进行分级，表 5.2 为根据颗粒尺寸进行的分级情况。

表 5.2　煤炭粒度分级

粒度/mm	粒度名称
<13	粉煤
13～25	小块
25～50	中块
50～100	大块
≥100	特大块

EDEM 软件中计算网格的数目取决于其参与运算的最小颗粒尺寸与求解域的范围。本书中求解域的范围较广，这是由于颗粒工厂与中部槽几何模型均需笼罩在求解域之内。EDEM 软件中计算网格的大小通常是最小颗粒半径的 2～3 倍，

网格划分取决于最小颗粒尺寸。为避免计算网格数量太多而导致仿真运算效率大幅下降，颗粒尺寸不宜设定得太小，粒度至少要大于 13mm；结合实际工况，将颗粒工厂的位置和大小设置成固定的，仿真中不会产生粒度超过 100mm 的特大煤块，这是由于颗粒工厂在生成特大颗粒时会进行多次尝试，相应的失败次数增多，难以产生想要的特大颗粒。因此，用于仿真的煤颗粒只有小、中、大三种类型。

原煤粒度的分布因地域和采煤条件间的差异并非一致[7-9]，为了尽可能真实地模拟原煤粒度分布，按照表 5.3 分配仿真中三种类型的煤颗粒质量占比。

表 5.3　各粒度煤颗粒质量占比

粒度名称/mm	质量占比/%
小块(13~25)	26.47
中块(25~50)	39.48
大块(50~100)	34.05

本书采用型号为 SGZ880/800 的刮板输送机，其最大额定运输量为416.67kg/s。仿真中颗粒工厂按设定正常产生三类颗粒，结合试验测得的煤颗粒密度为1229kg/m³，同时确保刮板输送机能够稳定运行，设置颗粒工厂以 170kg/s 的速度生成煤颗粒。

2. 磨粒磨损试验机离散元模型

1) 磨粒磨损试验机三维几何模型

在实际的井下工作环境中，刮板、链条和中板周围都是煤散料，磨粒磨损以"刮板(链条)-煤散料-中板"形式发生，其中煤颗粒为磨粒介质。为了尽可能真实地对刮板输送机中部槽的磨损状态进行模拟，根据这一磨损机理设计出了 ML-100C 改进型磨粒磨损试验机。通过适当地简化实际磨粒磨损试验机的结构，仅留存可以反映运行原理的部分，利用 UG 创建其三维几何模型，磨粒磨损试验机实物图与简化后的三维几何模型如图 5.10 所示。

根据中板试样的安装位置，将刮板试样固定在距离料槽旋转中心某一位置，然后将配制好的煤颗粒适量添加到料槽内，要使中板与刮板试样都浸没在煤颗粒环境中；当磨粒磨损试验机开始运行后，料槽带动中板试样沿逆时针方向一起进行转动，使得刮板试样斜楔处持续有煤颗粒存在，在该位置发生"刮板试样-煤散料-中板试样"形式的磨粒磨损。

真实的磨损试验中，依照料槽形状将 NM360 耐磨钢直接制成圆形的中板试样，由于其本身质量基础较大，利用万分之一天平很难准确地测量出磨损量。现

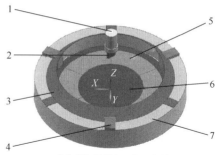

(a) 磨粒磨损试验机实物图　　　　(b) 磨粒磨损试验机三维几何模型

图 5.10　磨粒磨损试验机

1. 刮板试样夹具；2. 刮板试样；3. 上端盖；4. 底板夹具；5. 中板试样；6. 底板；7. 料槽

将中板试样制成由六个完全一样的扇形试样组合而成的圆环状，以便能够准确地测量出试样磨损量。仿真试验的模型是依据真实中板试样的尺寸建立的，以求能够最大限度地模拟真实试验。图 5.11 与图 5.12 分别为中板试样与刮板试样的三维几何模型，表 5.4 为刮板试样的关键尺寸参数，中板试样通过螺钉与底板实现固连，整体外径 260mm，内径 180mm。料槽外径 375mm，内径 315mm，槽深 37mm，沿径向调整刮板试样，使其在与料槽回转中心相距 110mm 的位置固定。

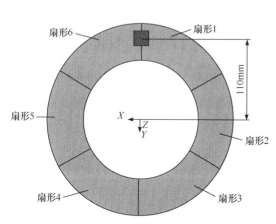

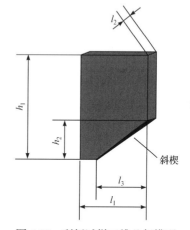

图 5.11　中板试样三维几何模型　　　图 5.12　刮板试样三维几何模型

表 5.4　刮板试样的关键尺寸参数

尺寸符号	含义	尺寸大小/mm
l_1	刮板试样长度	20
l_2	刮板试样宽度	20
l_3	斜楔长度	15

续表

尺寸符号	含义	尺寸大小/mm
h_1	斜楔高度	30
h_2	刮板试样高度	11

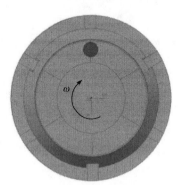

图 5.13　磨粒磨损试验机运动状
态示意图

图 5.13 为磨粒磨损试验机运动状态示意图。在仿真试验开始后，底板和料槽带动中板试样、底板夹具和上端盖整体沿逆时针方向以角速度 ω 进行转动，而刮板试样与其夹具整体保持静止，则刮板试样处的速度为

$$v = \omega r = 0.11\omega \tag{5.27}$$

2) 对中板试样几何模型划分网格

EDEM 软件通常是将 UG 等软件中的实体模型与面模型分别以.stp 和.igs 的格式导入生成复杂的三维几何模型，然后自行对模型开展网格划分，但网格相对粗糙，网格划分对确定中部槽中板磨损位置以及磨损的准确深度有着极大的影响。

本书的磨损仿真试验主要研究中板试样所受煤颗粒的磨损，故只需网格细化中板试样模型即可。在 GAMBIT 2.4.6 软件中以.stp 的格式导入 UG 中已建的中板试样六个扇形试样模型，对每个扇形试样的所有面实施 Map Split 形式的三角形网格细化，以便能够被 EDEM 软件识别，设置网格间距为 0.5，软件会自行实施网格划分，单个扇形试样共划分有 119216 个网格。待扇形试样的网格划分好以后，将其以.msh 格式导入 EDEM 软件中，其余实体几何模型与曲面颗粒工厂几何模型分别以.stp 和.igs 的格式导入。

3) EDEM 软件中接触模型选取与参数设定

在磨损仿真的建模过程中，颗粒间以及颗粒与几何体间的接触模型分别选定为 Hertz-Mindlin(no slip)与 Hertz-Mindlin with Archard Wear。查阅文献[10]和[11]，并经试验测量与标定，EDEM 软件中模型本征参数与接触参数的具体设定情况如表 5.5 与表 5.6 所示。研究中部槽中板的磨损规律仅需获取相对磨损量，故煤和 NM360 耐磨钢之间的磨损常数选定为 0.8×10^{-12} m²/N。为确保仿真不发生失真现象，设置本书仿真时间步长为瑞利时间步长的 25%，仿真的计算数据每 0.05s 储存一次。

表 5.5　模型材料本征参数

材料	密度/(kg/m³)	泊松比	剪切模量/Pa
煤	1229	0.3	4.8×10^8
NM360 耐磨钢	7850	0.3	8×10^{10}

表 5.6　模型接触参数

接触情况	恢复系数	静摩擦系数	滚动摩擦系数
煤-煤	0.46	0.33	0.036
煤-NM360 耐磨钢	0.65	0.46	0.032

3. 刮板输送机中部槽耦合模型

刮板输送机的工作原理是：启动机头传动部分，带动链轮旋转，刮板链条作为牵引构件，沿着中部槽循环往复运行，将中部槽上承载的煤散料向前输送，直至机尾部卸载[12]。单纯地利用 EDEM 软件进行仿真研究，不能准确模拟链环或刮板的真实运动状态，无法获得准确的煤颗粒与中部槽间的力学作用关系。为了较为真实地模拟刮板输送机输送煤散料时的状态，利用 EDEM 软件与 RecurDyn 软件进行耦合仿真，以便充分利用 RecurDyn 软件在研究复杂几何体运动学和动力学问题时的突出优势。

1) 刮板输送机中部槽三维几何模型

真实刮板输送机的构造非常复杂，若以完整的中部槽为原型创建仿真模型进行仿真，则整个模型的零件非常多，且需要设置大量的接触副，直接影响仿真的运算速度，或根本不可行，因此在建模过程中需要简化现实刮板输送机的结构。简化后的模型仅留存有水平段下的那一部分中部槽结构，将机头、机尾、过渡槽和挡板全部舍弃，同时增添刮板导槽以便链条可以通过中部槽下部的底板循环，且在刮板导槽与中部槽两端分别开有"喇叭口"以确保链轮和链条可以进行正常啮合，进而使链条能够更加平稳地运行。首先在 UG 中创建中部槽三维几何模型，图 5.14 为简化后的模型，前后链轮绕链轮轴沿顺时针方向进行同步转动，链条在链轮的带动下沿中部槽进行往复的循环运动。

2) RecurDyn 软件中接触副的选取与设定

在创建中部槽耦合模型过程中，首先在 RecurDyn 软件中以 .x_t 的格式导入 UG 中已建好的中部槽几何模型。相邻部件间均以 Solid-Solid 的形式进行接触，设定链轮轴、中部槽以及刮板导槽与大地间的接触副均为固定副，链轮轴与链轮间的接触副为旋转副。在 RecurDyn 软件中，按照表 5.5 设置几何体的密度、泊松比以及剪切模量，接触参数经仿真模型多番试验，并根据文献[13]和[14]，最终按表 5.7 进行设置。

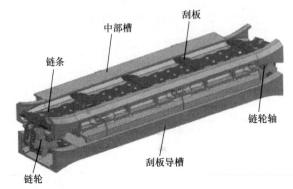

(a) 中部槽三维几何模型轴侧图

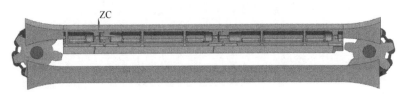

(b) 中部槽三维几何模型主视图

图 5.14　中部槽三维几何模型

表 5.7　动力学参数设定

参数	数值
刚度系数	63000
阻尼系数	1000
静摩擦系数	0.01
最大穿透深度/mm	37.64
局部最大穿透深度/mm	9.41

　　本书选用型号为 SGZ880/800 的刮板输送机作为研究对象，所用链轮齿数为 7，链条直径×节距=34mm×126mm，链条在双链轮的带动下以不超过 1.2m/s 的额定速度平稳运行，仿真过程中水平链速期望值设置为 1m/s。

　　图 5.15 为链传动的运动图，则节圆 A 点位置处链轮的线速度为

$$v = \omega R \tag{5.28}$$

式中，v 为节圆 A 点处的链轮线速度，m/s；ω 为链轮回转角速度，rad/s；R 为节圆半径，m。

　　链条速度 v' 就等于节圆 A 点处的链轮线速度 v 沿水平方向的分速度，即

$$v' = \omega R \cos\beta \tag{5.29}$$

链轮转动的角速度等于链轮和链轮轴间旋转副所对应的驱动函数。根据期望的水平链条速度，可以求得链轮回转角速度为

$$\omega = \frac{v}{R\cos\beta} = 3.6252\text{rad/s} \tag{5.30}$$

式中，$R=0.2856\text{m}$；$v=1\text{m/s}$；β 为回转中心与啮合点连线与竖直方向之间的夹角，图 5.15 中的链轮位置为张紧链条后所对应的起始相位，此时 β 为 AO 线与竖直方向的夹角，即 $\beta=15°$。

因此，在 RecurDyn 软件中，链轮旋转约束中的旋转角速度设置为 3.6252rad/s，而理论上的链条速度为

$$v' = \omega R\cos\beta = 1.0354\cos\beta \tag{5.31}$$

式中，β 随着链轮转动而不断变化，$-25.71° \leqslant \beta \leqslant 25.71°$。

链条速度不仅沿水平方向进行周期变化，而且链条沿竖直方向也进行上下波动，则链条速度沿竖直方向的分量为

$$v'' = \omega R\sin\beta = 1.0354\sin\beta \tag{5.32}$$

由式(5.31)和式(5.32)可知，在链轮运转正常时，链条速度在水平和竖直方向上均随 β 周期性变化。

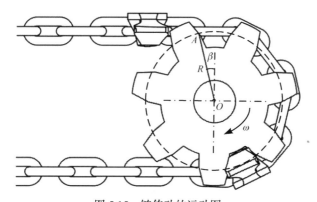

图 5.15　链传动的运动图

3) 中部槽链条的张紧

由于中部槽的三维几何模型是在 UG 中创建的，装配时无法做到对链条进行张紧，如果使用该模型直接进行动力学仿真，链条过松会导致链条和刮板的运动出现较大的波动、刮板脱离中部槽甚至断链等问题；如果用于耦合仿真，易造成链条或刮板被卡死而不能正常工作的问题，因此需要对 UG 所创建的链条模型先进行张紧后再进行仿真。首先设置链轮轴与链轮间的接触副为旋转副，此时不要

输入驱动函数；然后设置大地和链轮轴间的接触副为平移副，并在驱动项输入沿水平方向的平移速度，使两链轮轴向左右方向拉紧链条，如图 5.16(a)所示；随后从拉紧链条的数据文件中通过观察选择合适时刻的链条模型并将之导出；最后将导出的文件再次导入 RecurDyn 软件中，把大地和链轮轴间的运动副重新设定为固定副，并在此时为链轮与链轮轴之间输入驱动函数，链轮便可在张紧条件下正常运转，如图 5.16(b)所示。

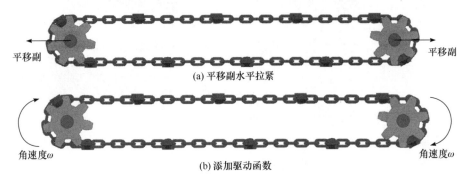

(a) 平移副水平拉紧

(b) 添加驱动函数

图 5.16　链轮张紧过程

4) 对中板几何模型划分网格

与磨粒磨损仿真试验中的离散元接触模型设置一样,中部槽耦合仿真过程中,设置仿真总时长为 5s，计算数据每 0.05s 储存一次，在仿真过程中颗粒工厂以170kg/s 的速度无限量地生成小、中、大三种粒度的颗粒，按照表 5.3，三类颗粒的质量分别占颗粒总质量的 26.47%、39.48%和 34.05%。类似磨粒磨损仿真试验，耦合仿真过程中的中板三维几何模型也需要实施网格细化，以 1.5 为间距共划分为 2523128 个三角形网格。

5) 构建中部槽耦合模型的步骤

设置 EDEM 软件与 RecurDyn 软件的仿真求解总时长均为 5s，存储的数据量为 500 个，按照下列步骤实施耦合，如图 5.17 所示。

(1) 在 UG 中创建中部槽与中板的几何模型，并将两模型分别以.x_t 和.stp 的格式导入 RecurDyn 软件和 GAMBIT 中实施三角形网格细化，随后以.msh 的格式将中板模型导出。

(2) 设置 RecurDyn 软件中各几何体间的接触副及其相关参数。

(3) 对模型中的链条进行张紧并导出张紧后的链条模型。

(4) 更改张紧后模型的有关接触副，并在此时输入驱动函数。

(5) 以.wall 格式的文件将所有几何体模型在 External SPI 模块中导出。

(6) 在前处理模块中以.msh 格式将中板模型导入，同时以 Import Geometry

from RrcurDyn 的形式将几何体模型.wall 文件导入。

(7) 在 EDEM 软件和 RecurDyn 软件中进行其余的基本设置。

(8) 开始耦合仿真。

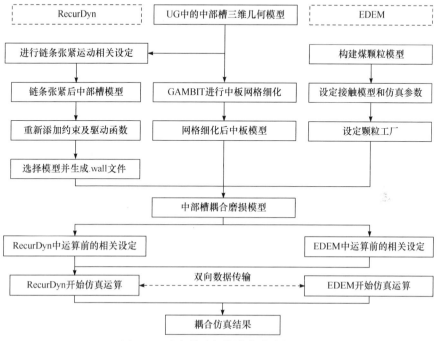

图 5.17　中部槽磨损耦合仿真求解过程

5.2.2　中板磨损试验研究

不同煤矿的各综采工作面采煤效率不一致,开采出的原煤煤种、湿度、含矸率等也各不相同,致使刮板输送机中部槽的磨损情况有所差异。一旦中部槽受损严重,致使刮板输送机无法正常运行而暂停进行修理或更换,煤矿的经济效益将会遭受巨大损失,因此针对中部槽磨损的相关研究已逐渐成为一个非常重要的课题。

1. 设计磨损试验方案

1) 试验原理

在实际煤散料运输过程中,刮板在链条拖拽作用下推动煤散料在中板上逐渐向前运输,经过长时间的作用,在中板或底板区域产生磨损,特别在中板与底板链道位置处的磨损尤为严重,如图 5.18 所示。考虑到中部槽所受刮板与链条的磨损是匀速持续的,故试验选用销-盘式滑动磨损试验机,以便能够对中部槽磨损状态进行最大限度的模拟。

图 5.18　刮板输送机中部槽磨损

试验的磨损量指标选用质量失重，磨损量为

$$W_t = W_{t1} - W_{t2} \tag{5.33}$$

式中，W_t 为三体磨损量，kg；W_{t1} 为试验前的试样质量，kg；W_{t2} 为试验后的试样质量，kg。

2) 试验设备

根据实验室现有的试验条件，参考《固定磨粒磨料磨损试验销 砂纸盘滑动磨损法》(JB/T 7506—1994)[15]，试验决定选用 ML-100C 型磨粒磨损试验机，如图 5.10(a)所示。试验时使上试样沿水平方向固定，实时调整其竖直位置使其处于恰当的位置；利用螺栓将下试样与下转盘固连，由主电机通过皮带带动下转盘和料槽运行，通过砝码施加载荷。试验机可通过定时和定圈数两种方式实现自动停机。

ML-100C 型磨粒磨损试验机主要参数如表 5.8 所示。

表 5.8　ML-100C 型磨粒磨损试验机主要参数

型式	压力范围/N	上试样线速度/(m/s)	下试样转速/(r/min)	外形尺寸
销盘式	2～100	1.5	60～600	1000mm×2000mm×1400mm

3) 试验材料及参数测定

在磨损试验中，选用 40CrMo 合金结构钢制成的楔形试块作为上试样，斜度为 36°，长、宽、高分别为 200mm、200mm、300mm，表面硬度为 165HB，如图 5.19(a)所示，用于模拟刮板链与刮板。

试验中下试样用于模拟中部槽，如图 5.19(b)所示，扇形角度为 60°，内外直径及其厚度分别为 80mm、130mm 与 4mm。6 块扇形试样的材质与中部槽常用材料相同，为 16Mn、耐磨钢板系列 NM360、NM400、NM450、NM500 和瑞典进口悍达钢板 HD400，表 5.9 为通过华银 200HRD-150 型电动洛氏硬度计测得的下试样各材料的表面硬度。

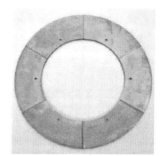

(a) 上试样 (b) 下试样

图 5.19 上试样和下试样

表 5.9 下试样硬度值 (单位：HRA)

下试样材料	硬度
16Mn	51
NM360	55
NM400	61
NM450	72
NM500	75
HD400	66

不同煤矿的煤散料在变质程度、抗碎强度、含水率、含矸率等性质上存在很大的不同。煤颗粒的粒径越大，越可能对中板造成磨损。随着含水率的改变，煤颗粒的湿度与黏度发生改变引起摩擦系数变化，从而间接影响磨损。由于矸石远比煤颗粒要硬得多，含矸率越高，煤散料硬度越大，越容易对中部槽造成磨损，其对中部槽的磨损占主导地位。

本书选用三种不同产地的煤和一种矸石，通过质量配比法获得不同特性的磨粒材料，以此模拟实际中部槽所接触煤散料的差异。首先确定试验所用磨料，试验所需煤颗粒与矸石颗粒可通过标准筛网进行筛选，根据各成分的质量占比将其混合均匀后装入不透明袋，通过喷雾法向袋中均匀地注入水分，封闭后静置 48h 供试验使用。

磨料密度的测定方法选用实验室排水法，抗碎强度的测定方法依据《煤的落下强度测定方法》(GB/T 15459—2006)[16]中的方法，测定装置如图 5.20 所示；可磨性指数的测定方法采用《煤的可磨性指数测定方法 哈德格罗夫法》(GB/T 2565—2014)[17]中的方法，测定设备如图 5.21 所示。磨料的物理特性如表 5.10 所示。

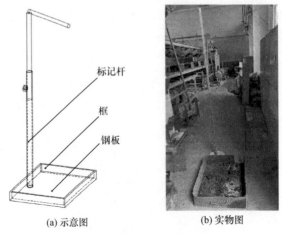

(a) 示意图   (b) 实物图

图 5.20　抗碎强度测定装置

图 5.21　哈氏可磨性测定仪

表 5.10　磨料物理特性

磨料	产地	密度/(g/cm³)	抗碎强度/%	哈氏可磨性
煤种 1	宁夏	1.30	97.5	51
煤种 2	朔州	1.35	73.9	75
煤种 3	太原	1.44	79.4	65
矸石	太原	2.40	83.5	—

4) 试验流程

图 5.22 为试验流程图，首先使用砂纸把试验所用上试样与下试样的接触表面

打磨至光滑。利用加载夹具将上试样固定,通过螺栓连接将下试样与下转盘固连。将配好的磨料均匀地注入料槽内,在控制台上设置加载压力与滑动速度,试验加载时间设定为 8h。设定行程一定通过改变试验时间进而改变滑动速度,试验后将试验设备与试验材料清洁干净。使用精度为 0.1mg 的 FA3204B 型电子天平在试验前后分别称重试块,计算其质量磨损量,图 5.23 为试验所用电子天平。为减小误差,每次测量均称重 5 次取其平均值,图 5.24 为磨损试验前后的中部槽试样表面形貌。

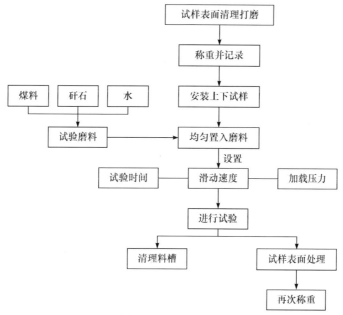

图 5.22　试验流程图

图 5.23　FA3204B 型电子天平

(a) 试验前　　　　　　　　　　　　　(b) 试验后

图 5.24　中部槽试样表面形貌

2. 单因素磨粒磨损试验

1) 磨料种类试验

控制其他因素一定，在含水率为 10%、粒径为 4～6mm 的前提下进行煤种单因素磨损试验，根据试验结果绘制 16Mn、NM400 和 HD400 三种材质试样的磨损量与磨料种类的关系曲线，如图 5.25 所示。总体看来，磨料种类对中板试样磨损量的影响程度从高到低依次为矸石、煤种 1、煤种 3、煤种 2。矸石的硬度远高于煤，由图可看出由煤造成的磨损不到矸石的二分之一，而矸石在煤矿开采中是不可避免的，是中部槽磨损的主要因素。在煤种对中板试样的磨损中，煤种的磨损量从高到低依次为煤种 1、煤种 3、煤种 2。结合表 5.10 和表 5.11 可知，三种煤对中部槽的磨损从大到小依次为无烟煤、烟煤、褐煤。结果表明，在其他因素一定的前提下，中部槽的磨损程度随煤种哈氏可磨性指数的升高而减小。而哈氏可磨性指数是用于反映煤散料硬度、强度、脆性及韧性的综合性指标，该值越小说明煤的变质程度越高且对中部槽磨损越严重。

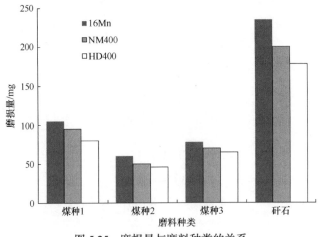

图 5.25　磨损量与磨料种类的关系

表 5.11　煤的工业分析结果

序号	灰分/%	水分/%	挥发分/%	固定碳/%	焦砟特征分类	煤种
1	5.8812	0.7376	7.0702	86.311	黏着	无烟煤
	6.0467	0.7109	7.791	85.4514		
2	3.6385	16.3149	39.9715	40.0751	粉末	褐煤
	3.7889	16.3292	39.7324	40.1494		
3	9.7356	1.1731	22.5888	66.5019	微膨胀 熔融黏结	烟煤
	9.7982	0.9065	22.8014	66.4939		

2) 粒度试验

控制其他因素一定,在煤种 2、5%含水率以及 5%含砟率的情况下开展磨料粒度单因素试验,根据试验结果绘制试样磨损量与磨料粒度的关系曲线,如图 5.26 所示。从整体上看,中部槽试样的磨损量随磨料粒度的增加缓慢升高。比较 1～2mm 和 6～8mm 磨料粒度条件下的中部槽试样磨损量,发现 16Mn 试样对应的磨损量差值为 30.8mg,而 HD400 试样的差值仅为 24.6mg。

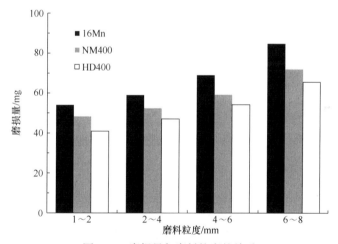

图 5.26　磨损量与磨料粒度的关系

相同速度下,磨料的粒度越大,其动能越大,越容易切削中板形成磨损。此外,当大粒度的磨料发生破碎时,破碎产生的新颗粒的棱角一般非常尖锐,很容易磨损中板。由文献[18]的研究结果可知,在运输过程中,煤颗粒存在明显的分层现象,分布在上方的一般是粒度和重量较大的颗粒,而分布在下方的一般是重量和粒度较小的煤散料,故多数情况下是小粒度煤粒或者煤粉直接与中部槽发生接触。在磨损试验过程中,粒度较大的磨料伴随试验的有序进行而逐步减少,被逐渐崩碎成一系列粒度较小的煤粒或者煤粉,致使较小粒度的煤颗粒数量逐渐加大,导致试验后期不易清晰地辨别出各粒度对试验结果的影响，这也阐明了为什么试验中粒度大小不同的磨料对试样磨损的影响较小。

3) 含水率试验

控制其他因素一定，在煤种 2、粒度为 4～6mm 以及含矸率为 5%条件下进行磨料含水率单因素试验，根据试验结果绘制试样磨损量与含水率的关系曲线，如图 5.27 所示。可以看出，三种材质的中部槽试样对应曲线均在含水率为 7.5%处发生了转折，在含水率小于 7.5%时，随着含水率的升高，试样磨损量降低，16Mn的磨损量降幅最大；在含水率超过 7.5%时，随着含水率的增大，试样磨损量升高，其上涨速率在含水率达到 12.5%以后明显加快。三种材质的中部槽试样在 7.5%含水率时磨损量最为接近，此时 16Mn 和 HD400 对应的磨损量差值仅为 11mg。

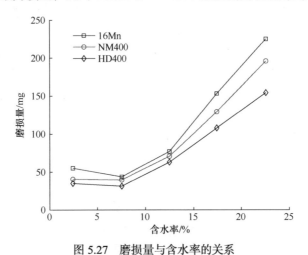

图 5.27　磨损量与含水率的关系

分析试样磨损量在含水率为 7.5%时较小的缘由。磨料中所含水分增多，会导致磨料的塑性指数升高，而相应的弹性系数和抗压强度出现下降。加之，适当的水分可以在磨料和中部槽试样间充当润滑介质，对两者间的接触起到润滑效果，减小了摩擦系数，所以 7.5%含水率时磨损量较小。而当含水率高于 7.5%时，磨料间的黏性由于其内水分过多而增大，摩擦系数随之增大。随着含水率继续增大，磨料吸水达到饱和后不再吸收水分，多余的水分游离在磨料表面，中部槽试样表面这些水分的存在很容易发生化学侵蚀，特别是游离水分使得矸石中的 Al_2O_3 发生电解，增大了游离水分中 Al^{3+} 的浓度，进一步加剧了中部槽试样的腐蚀磨损。

4) 含矸率试验

控制其他因素一定，在煤种 2、4～6mm 粒度以及 5%含水率的情况下开展含矸率单因素试验，根据试验结果绘制三种材质试样的磨损量与含矸率的关系曲线，如图 5.28 所示。可以看出，随着磨料含矸率的上升，三种试样的磨损量均呈现不同程度的升高。在含矸率未达 17.5%时，三种材料的磨损量增加速率较快；在含矸率超过 17.5%后，磨损量的增幅均减小，但 NM400 与 HD400 材料的增幅较小，仅增加 10mg。

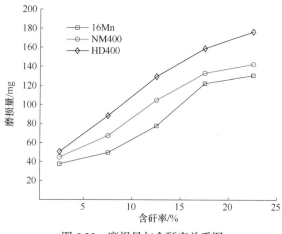

图 5.28　磨损量与含矸率关系图

可以看出，三种材料的耐磨性强弱顺序在不同含矸率下是相同的，但在高含矸率(17.5%以上)的工况下，HD400 材质中板试样的相对耐磨性出现明显削弱。其他因素一定时，在同一时刻下，含矸率越高，磨料中的矸石越容易与中部槽接触，其对中部槽的磨损程度也越大。但 NM400 和 HD400 这类较硬材料的磨损量增加幅度随含矸率的增加开始变缓，表明在越高的含矸率条件下，硬度越高的材料具有更好的相对耐磨性。

3. 多因素磨粒磨损试验

1) 试验方案

在已有的单因素磨粒磨损试验基础上，研究多因素对中部槽磨损的影响，并开展多因素磨损试验。本书选择正交试验设计，以便能够顺利高效地开展试验。

正交试验设计是从大量的全面试验点中选择出最有代表性的试验点开展试验，是一种多用于设计多因子试验的方法。利用正交试验设计方法，选取试验点的分布呈现出明显的均匀性和齐整可比性，因此以这部分筛选的试验点开展试验是完全可行的。在设计正交试验时，研究人员首先依据因素个数、因素水平值以及因素间是否存在交互作用等制作出所需的正交表，然后根据正交表开展试验，就能够获得全面试验的数据效果，同时在最大程度上减少试验次数。

正交试验的完整过程如下：确定试验的因素及其水平值；制定正交表；根据正交表设计试验方案；根据制定的方案开展试验并记录数据；评估分析试验数据。

研究选取煤种、磨料粒度、含水率、含矸率、加载压力和滑动速度 6 个因素进行中部槽多因素磨粒磨损试验。研究人员按照正交试验的设计方法，并结合自身已有的试验经验，制定了六因素三水平的 $L_{18}(3^6)$ 正交试验，表 5.12 与表 5.13 分别为试验因素对应的水平表和正交试验设计方案及结果。

表 5.12　因素水平表

水平	煤种	粒度/mm	含水率/%	含矸率/%	滑动速度/(m/s)	压力/N
1	煤种 1	2～4	5	5	0.7	10
2	煤种 2	4～6	10	10	0.8	20
3	煤种 3	6～8	15	15	0.9	30

表 5.13　正交试验设计方案及结果

试验序号	A	B	C	D	E	F	磨损量/mg 16Mn	NM360	NM400	NM450	NM500	HD400
1	1	1	1	1	1	1	58.6	56.4	42.3	33.2	23.5	34.7
2	1	2	2	2	2	2	228.8	120.4	105.6	92.1	58.6	99.9
3	1	3	3	3	3	3	373.1	291.7	282.9	247.9	187.1	259.8
4	2	1	1	2	2	3	122.8	116.4	104.8	80.0	70.6	99.4
5	2	2	2	3	3	1	217.2	179.4	159.0	115.7	95.4	131.6
6	2	3	3	1	1	2	193.4	158.6	147.3	116.4	110.9	129.3
7	3	1	2	1	3	2	119.8	107.9	104.0	92.4	68.8	101.1
8	3	2	3	2	1	3	235.2	228.2	195.8	184.9	174.0	193.3
9	3	3	1	3	2	1	171.9	152.1	127.4	92.5	90.6	122.3
10	1	1	3	3	2	2	216.3	203.7	182.9	173.4	142.8	174.3
11	1	2	1	1	3	3	159.9	150.8	119.6	110.6	110.1	112.9
12	1	3	2	2	1	1	67.6	61.5	57.3	48.7	37.7	49.8
13	2	1	2	3	1	3	188.9	160.8	131.4	125.3	114.6	126.3
14	2	2	3	1	2	1	103.9	96.1	88.3	78.6	70.1	85.3
15	2	3	1	2	3	2	145.9	116.4	82.6	78.8	66.4	80.8
16	3	1	3	2	3	1	92.3	86.3	84.1	71.6	66.4	75.8
17	3	2	1	3	1	2	140.7	102.4	90.6	73.3	71.6	76.6
18	3	3	2	1	2	3	146.9	115.3	109.6	91.5	81.2	95.6

2) 结果分析

(1) 直观分析。以 NM450 材料为例进行分析。从表 5.13 可以看出，NM450 材料的最小磨损量和最大磨损量分别发生在第 1 组试验($A_1B_1C_1D_1E_1F_1$)和第 3 组试验($A_1B_3C_3D_3E_3F_3$)，试验条件分别对应煤种 1、粒度为 2～4mm、含水率为 5%、含矸率为 5%、滑动速度为 0.7m/s、压力为 10N 和煤种 1、粒度为 6~8mm、含水率为 15%、含矸率为 15%、滑动速度为 0.9m/s、压力为 30N。但根据因素水平，试验方案的组合方式共有 3^6 即 729 种，所以还不能就此决定 $A_1B_1C_1D_1E_1F_1$ 对应的试验方案是否为试样磨损量最小的试验方案，需要通过进一步分析才能做出准确的判断。

表 5.14 为 NM450 材料磨损量的极差分析表，其中 K_i 与 k_i 分别表示第 i 个水平下某一因素的试验数据之和与对应的均值，极差 R 用于反映试验区间内某一因素对应试验结果的波动情况，该因素对磨损量的影响程度随其对应极差 R 数值的升高而增大。比较表中各因素对应的 R 值，可以发现磨损量对各因素的敏感程度由小到大依次为粒度、煤种、滑动速度、含矸率、压力、含水率。图 5.29 为各因素水平和磨损量的关系。

表 5.14　NM450 材料磨损量极差分析表

因素	A(煤种)	B(粒度)	C(含水率)	D(含矸率)	E(滑动速度)	F(压力)
K_1	705.9	575.9	468.4	522.7	581.8	440.3
K_2	594.8	655.2	565.7	556.1	608.1	626.4
K_3	606.2	675.8	872.8	828.1	717	840.2
k_1	117.7	96	78.1	87.1	97	73.4
k_2	99.1	109.2	94.3	92.7	101.4	104.4
k_3	101	112.6	145.5	138	119.5	140
R	18.5	16.7	67.4	50.9	22.5	66.6

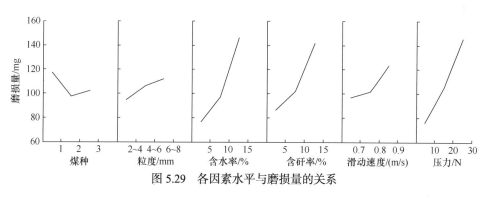

图 5.29　各因素水平与磨损量的关系

从图 5.29 可以看出，极差 R 越大，曲线越陡峭，对磨损量的影响越大，含水率、含矸率和压力三条曲线整体都比较陡峭，变化范围较大，而其余三因素对应曲线比较平缓，变化范围较小。由图可知，随着粒度、含水率、含矸率、滑动速度和压力的增大，磨损量所受影响程度均加大，压力曲线近似一条直线，而含水率、含矸率和滑动速度曲线斜率都先小后大，增速先慢后快。当含水率较高时，磨料的黏性增强，增大了摩擦系数，加之试样表面与游离的水分接触，导致发生腐蚀磨损的可能性增大；当压力较大时，磨料与中部槽试样表面的局部接触载荷增大，当压力高于材料的屈服极限时便会造成微凸体脱落；这就使得当磨料中的含水率与压力都较大时，中部槽除发生磨粒磨损外，还会发生腐蚀磨损与黏着磨损。

从图 5.29 还可以看出，中部槽试样的最大磨损量与最小磨损量分别发生在煤种 1、粒度为 6~8mm、含水率为 15%、含矸率为 15%、滑动速度为 0.9m/s、压力为 30N 与煤种 2、粒度为 2~4mm、含水率为 5%、含矸率为 5%、滑动速度为 0.7m/s、压力为 10N 的条件下，第一组试验条件正好对应正交试验中发生最大磨损量的第三组试验($A_1B_3C_3D_3E_3F_3$ 水平组合)，第二组试验条件对应 $A_2B_1C_1D_1E_1F_1$ 水平组合，与正交试验所得的水平组合 $A_1B_1C_1D_1E_1F_1$ 相比，两组合之间只有 A 因素对应水平即煤的种类不同，用煤种 2 替换掉第 1 组正交试验中的煤种 1 便可得到磨损量最小时对应的试验条件，而在 6 个因素对磨损量的影响程度中，煤种的影响相对较弱，进一步证明了结论的准确性。

(2) 方差分析。针对试验所得结果进行显著性检验运算，以便对中部槽的磨损量受各因素影响程度的显著性进行检验，同时分析试验误差对结果的影响，表 5.15 为试验的磨损量方差分析表。平方和用于表征各因素的数据波动程度，均方值为平方和与自由度的比值，消除了不同项对指标带来的影响。自由度一般等于因素的水平数–1，是用于衡量试验水平数量的指标。F 值为各因素均方值与误差项均方值的比值，F 值越大，显著性越强。

表 5.15　磨损量方差分析表

方差来源	平方和	自由度	均方值	F 值	显著性
煤种	1245.910	2	622.955	0.812	
粒度	927.339	2	463.670	0.605	
含水率	14853.333	2	7426.667	9.684	*
含矸率	9354.907	2	4677.454	6.099	*
滑动速度	1711.263	2	855.632	1.116	
压力	13343.555	2	6671.778	8.700	*
误差	3834.358	5	766.872	—	
总和	45270.664	17	—	—	

已知 $F_{0.2}(2,5)=2.3$，$F_{0.05}(2,5)=5.8$，$F_{0.01}(2,5)=13.3$，若 F 值大于 2.3，则认为结果影响相对显著；若 F 值大于 5.8，则认为结果影响显著；若 F 值大于 13.3，则

认为结果影响非常显著。从表 5.15 中数据可以看出，对磨损量有显著影响的因素包括含水率、压力和含矸率，而其余三因素对磨损量的影响并不显著，且该论断错误的概率仅有 5%。结合极差分析结果分析，两种分析方法所得结果基本相同，都得出含水率、含矸率及压力是影响中部槽磨损量的主要因素。

前面以 NM450 材料磨损量为例进行了极差和方差分析，图 5.30 为六种材料的磨损量方差 F 值。由图可知，含水率、含矸率和压力在各材料磨损量中占主导地位。不同材料之间，材料硬度越低，三因素对磨损的影响越不显著，三因素在各材料的 F 值虽非全部大于 5.8，但均大于 2.3，表现为相对显著，而煤种、粒度和滑动速度对于所有材料的磨损量均表现为不显著,进一步证实了结论的通用性。

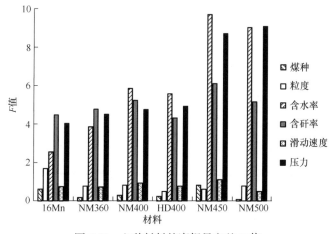

图 5.30　六种材料的磨损量方差 F 值

(3) 不同中部槽材料对比。在每组试验中 NM500、NM450、HD400、NM400、NM360、16Mn 六种材质试样的磨损程度依次逐渐增大，说明材料的磨损程度随材料硬度的升高而减小。选择第 1、3 组正交试验的试验数据，拟合磨损量与材料硬度的关系曲线，如图 5.31 所示，硬度单位为洛氏硬度。可以看出，两条拟合直线的决定系数 R^2 分别为 0.857 和 0.955，材料硬度越高，中部槽试样的磨损程度越小，试样的磨损量与其自身的材料硬度呈负相关。

4. 磨损表面形貌与磨损机理研究

分析实际中部槽磨损可知，造成磨损的原因主要有两个：一是"刮板(链条)-煤散料-中板"形式的三体磨损，即在刮板与链条的作用下煤散料切削中板造成的磨损；二是"煤散料-中板"形式的两体磨损，即中板上运动的煤散料本身对中板的磨损。下面通过试验对中部槽磨损机理进行分析与研究。

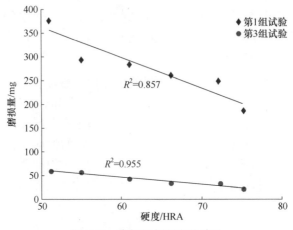

图 5.31　磨损量与硬度的关系

1) 中板试样的磨损形貌

在实验室，研究人员用 NM360 耐磨钢中板进行了真实的磨损试验，除试验时长外，其他条件与仿真并无差别，实际试验时间为 8h。

图 5.32 为仿真磨损与试验磨损的状态对比，可以看出，两者磨损均发生在刮板试样下方，且磨损区域的宽度接近于刮板试样的宽度。图 5.33 为仿真与试验的磨损形貌局部放大图，可以看出，在仿真中三体磨损并非持续存在，中板试样磨损的分布存在明显的不均匀，即在不同位置中板试样的磨损深度和宽度各有不同；而在试验中，实际磨损形貌中的磨损划痕基本连在一起，不存在明显的断续磨损，但可以明显地看到磨损深度和宽度在不同位置也各不相同，仿真结果与试验中实际磨损在磨损位置和磨损特征上基本一致。

　　　　(a) 仿真磨损深度分布图　　　　　　　　　　(b) 试验磨损区域图

图 5.32　仿真磨损与试验磨损的状态对比

图 5.34 为仿真中不同时刻的颗粒位置与状态。在 3.75s 时，1214 号颗粒处于斜楔正下方，对下方滑动区域造成严重磨损，属于三体磨损；到 3.8s 时，1214 号

颗粒所处状态与之前相比已出现改变，刮板试样斜面对其法向作用力已不存在，此时该颗粒只对中板试样产生刮插形式的两体磨损，这也揭示了三体磨损对中板试样的损害程度远比两体磨损要高。从图中可以看出，三体磨损并非时刻发生，只有当刮板试样与中板试样发生相对运动时，颗粒恰好处于刮板试样斜楔的正下方，颗粒受到法向作用并在中板试样上滑动时，三体磨损才会发生。相对整个中板试样来说，无法准确预测三体磨损发生在何时何地，致使中板试样表面的三体磨损形貌断断续续，没有连贯性。

(a) 仿真磨损形貌局部放大图　　　　　　(b) 试验磨损形貌局部放大图

图 5.33　仿真与试验的磨损形貌局部放大图

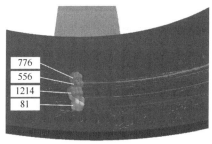

(a) 3.75s　　　　　　　　　　　　(b) 3.8s

图 5.34　不同时刻的颗粒位置和状态

2) 中板试样磨损的定量分析

将中板试样的六块扇形试样依据图 5.35 依次进行编号，后面统称为扇形试样1、扇形试样 2、扇形试样 3、扇形试样 4、扇形试样 5、扇形试样 6。图 5.36 为扇形试样 4 法向受力曲线。扇形试样 4 在 3.45～3.65s 与 4.45～4.65s 内受力较大，这是由于刮板试样在该时段恰好处于扇形试样 4 上方，此时在刮板试样的法向作用下，扇形试样表面发生三体磨损；其他时间刮板试样不在扇形试样 4 上方，扇形试样 4 受力接近于 0，此时扇形试样表面只存在两体磨损。

图 5.37 为扇形试样 4 的平均磨损深度随时间的变化曲线，可以看到在 3.45～3.65s 和 4.45～4.65s 两个时段期间，扇形试样表面的磨损程度较大，正好与其受

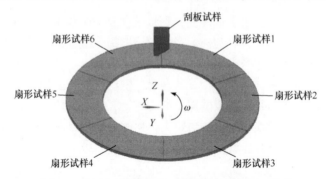

图 5.35　中板试样与刮板试样的位置关系(3s 时刻)

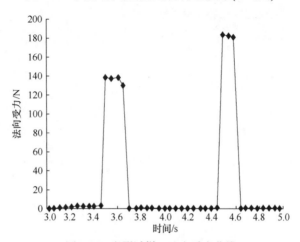

图 5.36　扇形试样 4 法向受力曲线

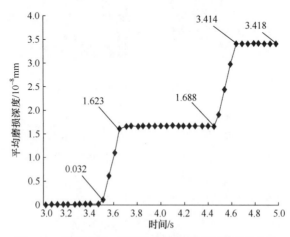

图 5.37　扇形试样 4 平均磨损深度随时间的变化曲线

力情况相对应，此时扇形试样 4 表面的磨损形式主要为三体磨损，大约占总体磨损量的 97.05%，磨损量约为 3.317×10^{-8}mm；而在其他时间内，扇形试样 4 表面的磨损形式只存在两体磨损，磨损量仅为 0.101×10^{-8}mm。通过对比一个磨损周期内的两种磨损量可以发现，三体磨损约为两体磨损的 32.84 倍，因此可以断定三体磨损对中板的损害程度要远在两体磨损之上。

5.2.3　中部槽磨损规律

1. 煤物理性质的影响

伴随煤的种类不一致，煤的物理属性在泊松比、剪切模量、密度和硬度方面也各不相同。煤的泊松比通常为 0.26～0.42，是用于表征煤沿单一方向受压或受拉时发生横向变形的一个常量；煤的剪切模量通常为 1×10^{8}～9×10^{8}Pa，用于描述煤抵抗切应变的能力，煤的剪切模量越大说明刚性越强；由于煤的种类和所在区域不同，煤的密度也不尽相同，一般为 1100～1900kg/m³；不同种类煤对应的硬度也不相同，按摩氏硬度而言一般在 2～4，在理论计算中煤的硬度通常以磨损常数来表示，煤、钢接触副的磨损常数通常为 0.8×10^{-12}～4.1×10^{-12}m²/N[19]。下面对煤的泊松比、剪切模量、密度和硬度各自选取 9 个水平，在此基础上开展单因素对中部槽磨损影响的仿真试验研究，试验设计如表 5.16 所示。

表 5.16　磨损仿真试验设计

参数	数值变化水平
泊松比	0.26, 0.28, 0.30, 0.32, 0.34, 0.36, 0.38, 0.40, 0.42
剪切模量/10⁸Pa	1, 2, 3, 4, 5, 6, 7, 8, 9
密度/(kg/m³)	1100, 1200, 1300, 1400, 1500, 1600, 1700, 1800, 1900
磨损常数/(10⁻¹²m²/N)	0.8, 1.2, 1.6, 2.0, 2.4, 2.8, 3.2, 3.6, 4

EDEM 软件中，煤的物理性质对应模型的本征参数。在创建的磨粒磨损试验机模型的基础上，进行煤颗粒不同本征参数下的中部槽磨损仿真试验，煤颗粒的粒度为 5mm，颗粒工厂生成的颗粒总质量为 1kg，刮板试样中心位置的速度为 0.7m/s，与料槽中心相距 110mm，料槽以 6.3636rad/s 的角速度沿逆时针方向匀速回转两圈，设置仿真总时长为 5s，前 3s 用于颗粒工厂生成颗粒并进行落料，后 2s 为转动料槽和磨损发生时间。仿真模型中分别按照表 5.6 和表 5.16 输入相应的接触参数和本征参数。

磨粒磨损在一定程度上随机发生在中部槽表面，外加产生三体磨损的条件只有在特定的情况下才能全部满足，因此发生在中板试样表面上的磨损从理论角度上讲不是以完全均匀的方式分布的。为降低磨粒磨损随机发生给试验结果带来的影响，首先将中板试样中六块扇形试样的平均磨损深度在 EDEM 软件后处理模块中分别导出，接着求解每个时刻下六个扇形试样对应磨损深度的平均值，并将之用作该时刻中板试样的平均磨损深度，以泊松比 0.3、剪切模量 $2×10^8$Pa、密度 1500kg/m³、磨损常数 $0.8×10^{-12}$m²/N 的试验条件下获取的 5s 时刻的磨损深度为例，按照上述步骤处理得到如图 5.38 所示的结果。从图中可以看出，在控制磨损行程一定的前提下，六个扇形试样的平均磨损深度由于受到磨粒磨损随机产生的影响而具备明显的差异。

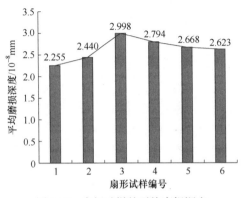

图 5.38　中板试样的平均磨损深度

根据表 5.16 设计的单因素中部槽磨损仿真试验，按照图 5.38 所示的取平均值法，对其余每组仿真结果进行数据处理。三体磨损发生的随机性和不均匀性在其余各组试验中可能也会有所体现，但取六个扇形试样的平均值作为中板试样的平均磨损深度，在 9 个水平下，个别数据的细微差异对仿真结果的整体趋势性不会产生影响，故无须进行重复试验。

1) 泊松比对中部槽磨损的影响

设定剪切模量为 $2×10^8$Pa、密度为 1500kg/m³、磨损常数为 $0.8×10^{-12}$m²/N，参考表 5.16 设定 9 个水平下的泊松比，进行泊松比对中部槽磨损影响的仿真试验。图 5.39 给出了不同泊松比水平下中板试样的平均磨损深度。从图中可以看出，根据图中的离散点做一条拟合直线，该直线表明磨损量随泊松比的增加而升高，这是因为仿真的接触模型是以软球模型为基础建立的，当颗粒模型与几何体模型发生接触时，模型的法向变形与泊松比呈正相关，增大了煤颗粒与中板试样间的法向接触力，进而对中板造成严重磨损；同时由于三体磨损的发生，个别散点与趋势线偏差较大。

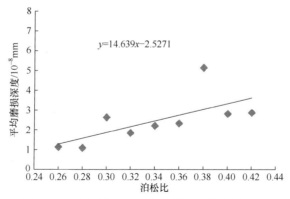

图 5.39　不同泊松比下中板试样的平均磨损深度

2) 剪切模量对中部槽磨损的影响

设定泊松比为 0.3、密度为 $1500kg/m^3$、磨损常数为 $0.8×10^{-12}m^2/N$，参考表 5.16 设定 9 个水平下的剪切模量，进行剪切模量对中部槽磨损影响的仿真试验。图 5.40 给出了不同剪切模量下中板试样的平均磨损深度。可以看出，中部槽磨损量与剪切模量之间具有较强的线性正相关性，磨损量随剪切模量的增大而升高，拟合直线的决定系数 R^2 为 0.8232，说明中部槽磨损程度受剪切模量的影响较为显著。出现这种情况的原因与泊松比同理，当颗粒模型与几何体模型发生接触时，模型的法向变形量与剪切模量呈正相关，从而增大煤颗粒与中板试样间的法向接触力，进而加剧对中板试样的磨损程度。

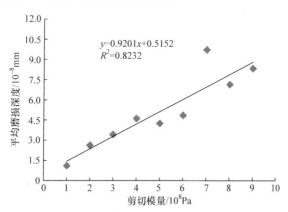

图 5.40　不同剪切模量下中板试样的平均磨损深度

3) 密度对中部槽磨损的影响

设定泊松比为 0.3、剪切模量为 $2×10^8Pa$、磨损常数为 $0.8×10^{-12}m^2/N$，依据表 5.16 设定 9 个水平下的煤散料密度，进行密度对中部槽磨损影响的仿真试验。图 5.41 给出了不同密度下中板试样的平均磨损深度。磨损量随密度变化发生明显波动，从整体上看，磨损量随密度的增加而增大。仿真中密度增大并不会改变单个煤颗粒的形状和大小，而是增大了单个颗粒的质量。在其他条件一样时，煤颗粒的动能随质量的增大而增大，在进入斜楔对中板试样造成三体磨损的这段时间内，中板试样所受颗粒的冲击载荷升高，同时其所受法向作用力也升高，进而加剧了对中板试样的磨损程度。

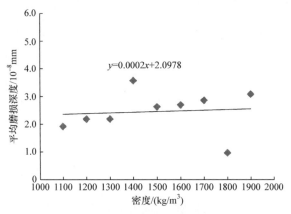

图 5.41　不同密度下中板试样的平均磨损深度

仿真试验过程中，颗粒工厂生成的颗粒总质量始终为 1kg，因此颗粒密度变化在改变单颗粒质量的同时还改变了料槽中颗粒的数量，从而影响到整个磨损环境。且三体磨损只有满足一定的条件后才会发生，故颗粒密度变化在引起磨损环境变化的同时也会对三体磨损发生的可能性造成影响。若单个颗粒质量较小，则料槽内颗粒数量众多，三体磨损发生概率增加，加剧磨损，如密度为 1400kg/m³时。反之，单个颗粒质量较大，则在料槽内生成的颗粒数量相对减小，三体磨损就有较高的概率不会发生，磨损量随之减小，如密度为 1800kg/m³ 时。

4) 硬度对中部槽磨损的影响

设定泊松比为 0.3，剪切模量为 2×10^8Pa，密度为 1500kg/m³，依据表 5.16 设定 9 个水平下的磨损常数，进行磨损常数对中部槽磨损影响的仿真试验。图 5.42 给出了不同磨损常数下中板试样的平均磨损深度。可以看出，磨损常数越大，磨损量越高，且两者间具有极强的线性关系，R^2=0.9908。改变煤的硬度，煤与中板试样间的表面摩擦副发生变化。煤的硬度越高，煤颗粒越容易切削中板试样表面，造成材料损失，产生较大的磨损。

在泊松比、剪切模量、密度、硬度参数变动区间内，剔除三体磨损的随机性造成的与拟合曲线偏差较大的仿真数据，在每个因素下磨损深度最大值与最小值的差值分别为 1.725×10^{-8}mm、7.218×10^{-8}mm、1.158×10^{-8}mm、1.209×10^{-7}mm，

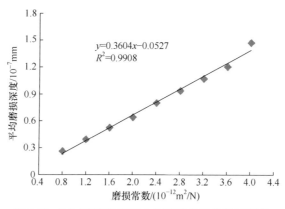

图 5.42　不同磨损常数下中板试样的平均磨损深度

说明煤的物理性质对中部槽磨损影响的显著程度由低到高依次为密度、泊松比、剪切模量、硬度。

2. 不同工况条件对中部槽磨损的影响

在现实的煤矿生产过程中，工作环境及其各方面条件均非常复杂，不同矿井有着不同的工况条件，开采出的煤散料大小偏向也有所差异。本节通过所创建的磨粒磨损试验机模型，对中部槽的磨损情况与速度及粒度的关系进行研究，仿真过程中设定泊松比为 0.3，剪切模量为 $2×10^8$Pa，密度为 1500kg/m^3，磨损常数为 $0.8×10^{-12}$$m^2$/N，除速度与粒度外，其他参数均和煤物理性质单因素仿真试验时的设定一样。

1) 速度对中部槽磨损的影响

该研究选择以 0.5m/s、0.7m/s、0.9m/s 三个速度开展仿真试验，转换成料槽回转角速度即为 4.5455rad/s、6.3636rad/s、8.1818rad/s。为确保滑动行程在三个速度下相同，将仿真运算时间分别设为 5.8s、5s 和 4.5s。图 5.43 给出了不同速度下中板试样的平均磨损深度。可以看到，在磨损行程一样的条件下，磨损量随速度的增大而增大。在其他条件一定时，速度越大，煤颗粒动能越大，在刮板试样斜楔的作用下，煤颗粒对中板试样造成的冲击也随之增强，煤颗粒与中板试样的法向接触载荷增大，进而加剧了对中板试样的磨损。

2) 粒度对中部槽磨损的影响

该研究选择以 3mm、5mm、7mm 三种平均粒度的颗粒实施仿真试验，设定料槽以 6.3636rad/s 的角速度进行转动，仿真时长为 5s，每次仿真过程中颗粒工厂随机均匀地在 2～4mm、4～6mm、6～8mm 的粒度区间内生成所需煤颗粒。图 5.44 给出了不同粒度下中板试样的平均磨损深度。可以看到，磨损量随煤颗粒粒度的增大而增大。在其他条件一定时，随着粒度增大，每个煤颗粒的质量及其携带的

能量变大,当颗粒运动到刮板试样斜楔位置时,颗粒对中板试样造成了更大的法向冲击载荷,加重了中板试样的磨损。

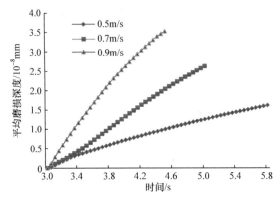

图 5.43　不同速度下中板试样的平均磨损深度

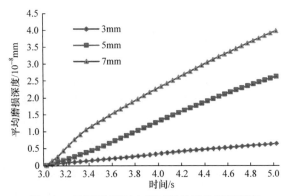

图 5.44　不同粒度下中板试样的平均磨损深度

5.2.4　耦合状态下中部槽磨损研究

1. 煤散料与刮板输送机中部槽的力学作用关系

选用型号为 SGZ880/800 的刮板输送机作为研究对象,仿真中期待的链速为 1m/s,并据此设置链轮的驱动函数,设置链轮的角速度为 3.62523rad/s,仿真时长为 5s,链轮回转圈数为 8.6655 圈。

图 5.45 与图 5.46 分别为刮板与中部槽的配合示意图以及颗粒工厂与中部槽模型的相对位置关系图。由图可知,在 X 方向上,刮板与中部槽仅留有非常小的配合间隙,刮板沿 X 方向的运动被两侧槽帮限制,因此不对刮板与链环沿 X 方向的运动及其所受作用力进行重点考察;而刮板和链环主要沿 Y 方向向前运动,沿 Y 方向的速度受链传动多边形效应的影响会表现出明显的波动特性,同时煤散料也主要沿 Y 方向向前运输,因此应将研究重心集中于 Y 方向的运动和受力;Z 方

向为刮板、链条、煤散料与中板接触的法线方向，是影响磨损的直接方向，故也应将研究重心偏向于 Z 方向的运动和受力。

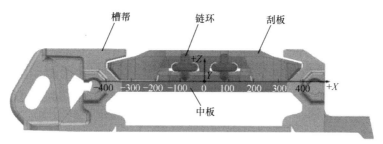

图 5.45　刮板与中部槽的配合示意图

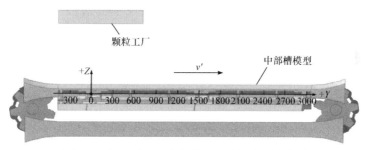

图 5.46　颗粒工厂与中部槽模型的相对位置关系

1) 刮板的运动与受力分析

(1) 刮板的运动状态。为获得刮板在不同时刻的运动情况，将耦合模型中的 ImportedBody60 刮板标记为红色以便与其他刮板进行区分，后续简称 60 号刮板并对其进行跟踪。图 5.47 给出了不同时刻下 60 号刮板在中部槽中的相对位置，可将 60 号刮板经历的 5s 仿真时间分为几个典型的时期，即独自稳定运行时期、接触驱动链轮的运行时期以及正式参与运输煤散料的时期，分别对应图 5.47 中的三个不同时刻。

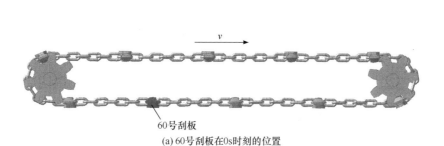

(a) 60 号刮板在 0s 时刻的位置

60号刮板

(b) 60号刮板在1.3s时刻的位置

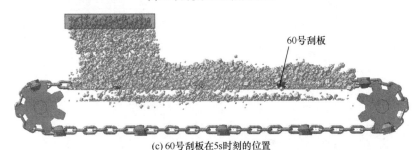

60号刮板

(c) 60号刮板在5s时刻的位置

图 5.47　60 号刮板在不同时刻在中部槽中的位置

导出 RecurDyn 软件中 60 号刮板的合速度与沿 Y 方向的分速度，并对两速度进行处理，图 5.48 为 60 号刮板的合速度与 Y 方向速度在 5s 内的变化曲线。由图可知，合速度的平均值为 1.045m/s；60 号刮板速度在 0～0.03s 内发生大幅度波动，最大速度达到 5.052m/s；在 0.03～1.32s 期间，速度一直围绕平均值进行小范围的波动；在 1.32～2.37s 期间，速度以较之前略大的幅度进行波动；在 2.37～3.25s 期间，速度以更快频率但幅度并无明显变化的方式进行波动；在 3.25～5s 期间，速度的波动程度明显更加剧烈且其频率仍处于一个较高的水平。将图 5.48 与图 5.47 放在一起进行分析，可以发现，在 0～0.03s 期间，60 号刮板存在"硬启动"现象，致使其速度在极短的时间发生了大幅波动，在"启动"以后迅速恢复到常态水平；在 0.03～1.32s 期间，60 号刮板正在沿 Y 轴负方向运动，其 Y 方向分速度表现为负值，波动幅度较小，这是由于此时刮板距离链轮较远，链传动对其影响较弱；在 1.32～2.37s 期间，由于刮板与链轮啮合的影响，表现为幅度较前面略微上涨的波动形式；在 2.37～3.25s 期间，60 号刮板脱离链轮，正逐渐朝着中部槽上颗粒工厂生成颗粒的部位移动，由于前方链条和刮板正在输送煤散料，首次影响速度的波动频率明显加快；在 3.25～5s 期间，60 号刮板推动煤颗粒向前运输，在此过程中对中部槽造成了磨损，刮板受到复杂的力学作用，其速度以较大的幅度和频率进行波动。

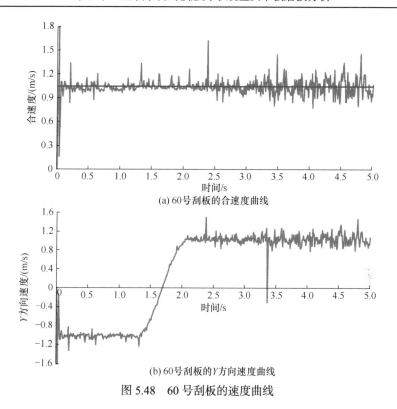

(a) 60 号刮板的合速度曲线

(b) 60 号刮板的 Y 方向速度曲线

图 5.48　60 号刮板的速度曲线

(2) 刮板和链条的受力。图 5.49 为 60 号刮板与其牵引链环接触示意图。为便于表达，ImportedBody57 链环、ImportedBody61 链环在后续简称为 57 号链环、61 号链环，57 号链环与 60 号刮板间的接触副 SolidContact370、61 号链环与 60 号刮板间的接触副 SolidContact450 简称为 370 号接触副、450 号接触副。图 5.50 为两接触副受力随时间的变化曲线，450 号接触副在 3.38s 时刻受到 1329.6113kN 的作用力，由于其受力太大并未标示在图中。从图中可以看出，两接触副的受力曲线皆可划分为起始瞬间波动时期、小幅度稳定波动时期、较大幅度波动时期和大幅度波动时期四个明显的时段，各自对应的时间分别为 0～0.03s、0.03～2.37s、2.37～3.25s 和 3.25～5s，正好与图 5.48 的速度变化相吻合。60 号刮板在不同时段内所处位置不同，致使所受作用力的波动情况不一致；可以看出，两链环对 60 号刮板的作用力变化曲线有着明显的差异，450 号接触副受力曲线波动明显要比 370 号接触副更为强烈，而且 450 号接触副受力在 3.38s、3.42s、3.44s、3.76s、4.9s 时刻的波动要明显大于其他时刻，表明即使接触副所处位置相同，由于煤颗粒参与接触的随机性和链条整体运动的波动性，接触副的受力也并非完全均匀。

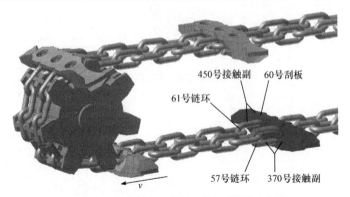

图 5.49 60 号刮板与其牵引链环接触示意图

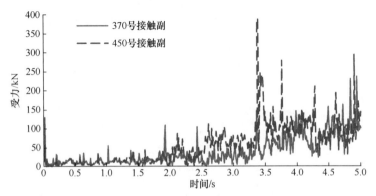

图 5.50 两接触副受力随时间的变化曲线

导出 370 号接触副所受合力与沿 X、Y、Z 方向所受分力并加以处理，图 5.51 为处理后的 370 号接触副受力随时间的变化曲线。从图中可以看出，该接触副沿三个坐标轴方向所受分力皆随时间变化持续波动，沿 Y、Z 方向所受的分力基本都是在同一时刻一起发生波动，只是方向与幅度略有差别，而沿 X 方向所受分力

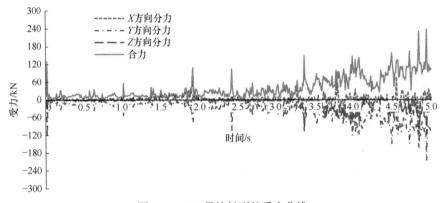

图 5.51 370 号接触副的受力曲线

基本进行无规律波动。链条主要沿 Y 方向运动，合力中的主体部分即该方向所受分力。可以明显看出，接触副在与煤颗粒接触后，沿 Z 方向所受分力明显变大，以较高的幅度和频率进行波动；而在此之前，受力较小且波动不明显。

2) 中板的受力分析

在 RecurDyn 软件中，槽帮与中板作为一个整体而存在，此外在实施耦合仿真时，只有已提前完成对几何体模型的网格细化，才可以将模型导入 RecurDyn 软件中进行仿真，否则即使从 RecurDyn 软件中导出中部槽.wall 文件，也无法利用该文件进行磨损数据记录，进而影响最终的研究结果。为此，专门在 EDEM 软件中多增添了一块中板，以便用于磨损记录，该中板的空间位置与 RecurDyn 软件中的中板位置一致，需在 GAMBIT 软件中预先划分好三角形网格，然后在 EDEM 软件中将二者重合。

图 5.52 为整个中板在 EDEM 软件中所受作用力随时间的变化曲线。由图可知，随着煤颗粒落到中板上并在刮板的推动下向前运动，中板沿三个坐标轴方向所受载荷皆随时间变化持续波动，其中沿 Z 方向所受载荷的波动情况最为剧烈，沿 X 方向所受分力波动最为平缓，且沿 X、Y 方向所受分力的波动并无明显的规律；绝大多数的煤散料由中板承载，其受力主要沿 Z 方向，同时 Z 方向为煤颗粒与中板接触的法线方向，煤颗粒受到挤压，对中板的法向作用力较高，致使中板沿 Z 方向所受分力最大。

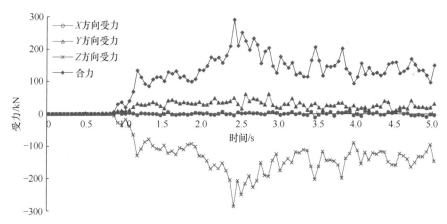

图 5.52　中板整体所受作用力随时间的变化曲线

图 5.53 给出了各刮板的初始位置。结合其沿 Z 方向所受分力，分析可知，中板在 0.85s 时开始明显受到作用力，在 0.85～2.4s 期间逐渐升高，在 2.4s 时达到最大，为 290.13kN，在 3.8～5s 期间基本围绕 130kN 上下波动。在 0.85s 时，刮板 1 开始推动煤颗粒逐渐向前运动；在 0.85～2.4s 期间，随着颗粒工厂持续生成煤颗粒并进行落料，虽然刮板 2 也逐步参与煤颗粒运输，但此时运输速度与落料

速度还未达到平衡，煤颗粒在中部槽上逐渐堆积，致使中板所受载荷逐渐升高；刮板 3 在 2.4s 时也开始推动煤散料向前运输，伴随刮板 1 开始卸料，中板所受作用力在缓慢波动中逐渐下降。刮板 2、刮板 3、刮板 4 分别在 1.15s、2.4s、3.45s 时开始推动煤散料，在 3.8s 时伴随刮板 2 开始进行卸料，中板所受载荷逐步降低且幅度较大；之后其余刮板按照上述过程陆续开始运输煤散料，形成一个完整的循环过程。

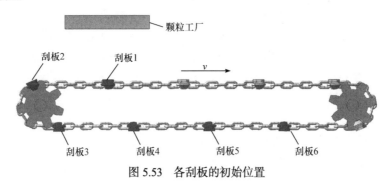

图 5.53　各刮板的初始位置

由此可知，在运煤过程中，煤散料受到刮板与链条的挤压作用及其原有的重力是中板在三个坐标轴方向中沿 Z 方向受力最大的根本原因，但随刮板不断进行运输与卸载煤颗粒，中板所受载荷发生较为明显的波动。

3) 煤颗粒的运动与受力分析

(1) 煤颗粒运动分析。在 EDEM 软件后处理过程中，在沿 X 方向 360mm 处对中部槽进行横向剖切，图 5.54 为煤散料在 5s 时的整体速度分布云图，为了便于观察，将部分槽帮隐藏。根据仿真过程中相关参数的设置情况，颗粒工厂沿 Y 方向与 Z 方向分别赋予产生的颗粒 0.7m/s 和−1m/s 的初速度，重力加速度为 -9.8m/s^2，所以当煤颗粒落在中部槽上时，其实际速度并不低于 1.2m/s；在刮板推动煤颗粒向前运输的过程中，受多种力的作用，靠近刮板的煤颗粒速度逐渐接近于链速 1m/s；而相邻刮板间的煤散料由于摩擦力等原因，其速度为 0.7m/s 左右，略小于链速；而堆积在顶部的煤颗粒在自身重力与刮板推力的共同作用下向前发生滚落，其速度要比链速稍大。从整体上看，相邻刮板之间的煤散料速度呈基本一致的分布：煤颗粒速度与其和刮板间的距离呈负相关，随距离减小而逐渐增大且趋向于 1m/s。

在振荡条件下，煤散料会表现出一种独特的"巴西果效应"，即在振荡作用下，较小粒度的煤散料与较大粒度的煤散料将分别沿上升与下沉两个方向运动。从理论层面分析，煤颗粒也属于散料，利用刮板输送机运输煤颗粒的过程也是一种振荡煤颗粒的行为，故也应该具备类似"巴西果效应"的特性。颗粒工厂根据大、中、小不同的粒度随机产生颗粒，生成的煤颗粒密度相同，其质量随粒度的增大而增大。

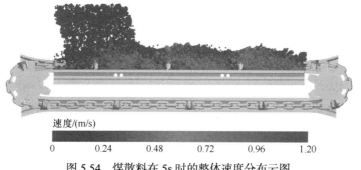

图 5.54　煤散料在 5s 时的整体速度分布云图

　　沿 X 方向 200mm 处对中部槽进行横向剖切,获得煤颗粒在 5s 时的整体质量分布云图,如图 5.55 所示。从图中可以看出,在刮板推动煤颗粒不断向前运动的过程中,下层部位聚集的小粒度煤颗粒数量逐渐增多,而上层中的大粒度煤颗粒占比越来越高,并且由于刮板底部附近的振荡作用较为强烈,较多的小粒度煤颗粒堆积于此。在速度矢量图中以箭头代表煤颗粒,箭头方向表示煤散料的速度方向,箭头越大代表颗粒质量越高。图 5.56 为 5s 时局部放大后的煤散料运动趋势按质量分布图,可以看到,经刮板的振荡作用后,较大粒度的煤颗粒在此时刻有向上运动的趋势,表明在中部槽运输过程中,煤散料也具备"巴西果效应"。

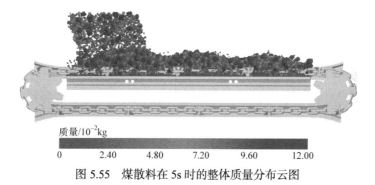

图 5.55　煤散料在 5s 时的整体质量分布云图

　　沿 Y 方向 790mm 与 1230mm 处分别对中部槽进行横向剖切,获得 5s 时煤颗粒在不同切面处的堆积形态及其质量分布情况,如图 5.57 所示。从图中可以看出,大粒度与小粒度的煤颗粒在 790mm 位置均匀地混杂在一起,同时在中板表面也有部分大粒度颗粒存在,这是由于该位置靠近颗粒工厂,煤散料刚落到中部槽不久;而在 1230mm 处,煤散料已被向前运输了一段距离,下层区域以粒度较小的煤颗粒为主,特别是在中板区域尤为明显,几乎并无较大颗粒,上层区域各种粒度的煤颗粒混杂在一块,但在顶部位置明显以大粒度的颗粒居多,有流向槽帮边缘并掉落到中部槽之外的趋势。

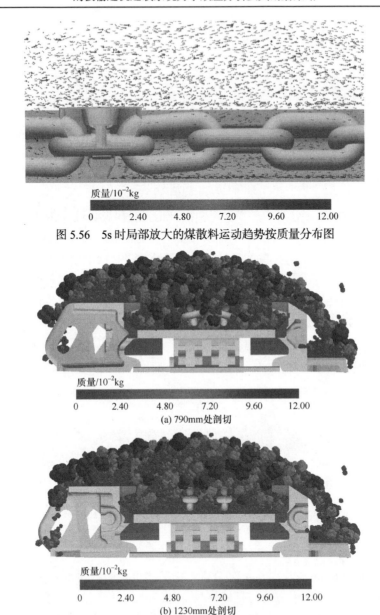

质量/10^{-2}kg

0　　　2.40　　　4.80　　　7.20　　　9.60　　　12.00

图 5.56　5s 时局部放大的煤散料运动趋势按质量分布图

质量/10^{-2}kg

0　　　2.40　　　4.80　　　7.20　　　9.60　　　12.00

(a) 790mm 处剖切

质量/10^{-2}kg

0　　　2.40　　　4.80　　　7.20　　　9.60　　　12.00

(b) 1230mm 处剖切

图 5.57　5s 时中部槽上煤散料的堆积形貌

(2) 煤散料力链分布图。在 EDEM 软件中，力的传递作用通过力链来表示。将 5s 时槽帮与刮板的透明度调整为 80% 以便能够清晰直观地进行观察，图 5.58 给出了沿 X 方向观测到的煤颗粒力链分布情况。从图中可以看出，在刮板沿 Y 轴正方向前进过程中，作用力以煤颗粒为介质逐步沿运动方向传递，刮板对煤颗粒的作用力随煤颗粒与刮板间距离的增大而逐渐降低，而两者间的相互作用力在刮板上方与后方处数值较小；从上下层来看，两者间的相互作用力在下层区域较大，在上层区域较小。

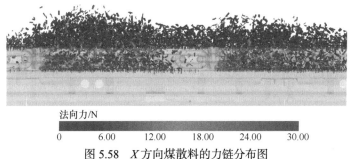

法向力/N

图 5.58　X 方向煤散料的力链分布图

为能够更清晰地观察煤散料在槽帮与刮板处的力链分布，在垂直于 Z 轴的刮板所在平面处进行剖切，移除刮板上层的煤颗粒，得到 Z 方向煤颗粒在下层的力链分布情况，如图 5.59 所示。可以看到，作用力较大的力链主要集中在刮板附近，同时力链在该处分布较多且较粗；在链道区域也发现个别位置存在较强的相互作用；而在其他区域，距离链条与刮板较远，作用力明显下降；造成这种力链分布现象的原因主要是：在链条与刮板前进过程中，煤散料受到其与中板共同的挤压作用，进而导致煤散料所受载荷较大。而在刮板两侧，槽帮独特的 V 形结构对煤颗粒的运动起到很大的约束作用，致使煤散料受到较为复杂的力学作用；在刮板后面，由于煤散料分布较少，颗粒间的相互作用力几乎为零，所以力链分布在刮板后面有一片近似空白的区域。

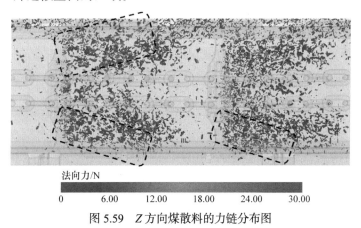

法向力/N

图 5.59　Z 方向煤散料的力链分布图

2. 耦合状态下中部槽的磨损分析

1) 中板磨损形貌分析

为能够清晰地观察中板磨损形貌，通过隐藏 EDEM 软件中其他的几何体部件模型，只留存中板的状态为可见，图 5.60 为中板在 5s 时的磨损形貌云图。从图中可以看出，中板表面的磨损并不是连续的，而是沿链条速度方向表现为条形的断续磨损，而且磨损深度与宽度在不同区域也各不相同，表明在刮板推动煤颗粒向前运输的过程中，颗粒对中板的磨损并不是完全均匀分布的。为获得链条与刮板同中板表面磨损部位的相对位置关系，将 5s 时链条与刮板的透明度调整为80%，结果如图 5.61 所示。综合图 5.60 与图 5.61 可知，在链条与刮板推动煤散料向前运输的过程中，夹在刮板或链条与中板之间的煤颗粒受力较大，对中板造成三体磨损，对应图中四条磨损程度较大的条状区域。

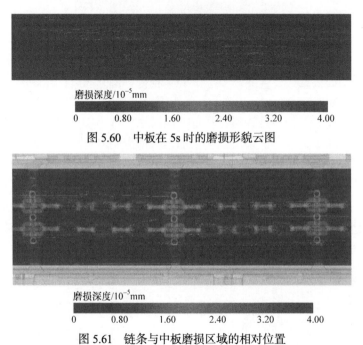

磨损深度/10^{-5}mm

0　　　0.80　　　1.60　　　2.40　　　3.20　　　4.00

图 5.60　中板在 5s 时的磨损形貌云图

磨损深度/10^{-5}mm

0　　　0.80　　　1.60　　　2.40　　　3.20　　　4.00

图 5.61　链条与中板磨损区域的相对位置

2) 中板磨损量分析

在 EDEM 软件进行后处理时，导出所记录的中板磨损数据并加以整理，绘制出中板表面平均磨损深度随时间的变化曲线，如图 5.62 所示。分析可知，颗粒工厂在 0～0.3s 期间正生成煤散料，此时煤颗粒与中板未发生接触，故中板表面没有发生磨损；在 0.3s 时，煤颗粒与中板刚发生接触，只有少数颗粒对中板产生作用力，发生"煤散料-中板"形式的两体磨损，磨损量非常小，为 7.81×10^{-12}mm 左右；在0.3～1.4s 期间，只有刮板 1 在推动煤散料向前运输，但由于槽内的煤颗粒较少，磨损仍以两体磨损为主，并未发生有效的三体磨损；在 1.45s 时，刮板 2 开始推动煤散料向前运输，发生磨损量较大的三体磨损，中板磨损量略微上涨；在 2.15s 时，刮板 3 开始推动煤散料向前运输，此时已有较长的链条参与煤散料输送，发生三体磨损，中板磨损量开始出现大幅增加；在 2.15～3.85s 期间，中板表面始终有三节刮板参与煤散料输送，发生三体磨损，中板磨损量在轻微的波动中逐渐均匀升高；在 3.85～4.1s 期间，刮板 2 运输的煤散料开始逐步卸载，而刮板 5 还尚未开始运输煤散料，故中板磨损量的增加速率明显降低；在 4.1～4.6s 期间，刮板 5 开始运输煤散料，中板表面始终有三节刮板参与煤散料输送并发生三体磨损，中板磨损量继续均匀升高；在 4.6～5s 期间，刮板 3 运输的煤散料开始逐步卸载，而刮板 6 还尚未开始运输煤散料，故中板磨损量的增加速率又出现明显降低。在刮板 1 运输的煤散料全部卸载以后，基本上中板表面始终有三节刮板以及与中板几乎等长的链条参与煤散料输送，并发生三体磨损，中板磨损量增加较为均匀，其后只有在刮板开始输送或卸载煤散料时，中板平均磨损深度曲线出现较为明显的波动。对 2.15s 后的中板平均磨损深度进行线性拟合，$R^2=0.9898$，中板平均磨损深度与时间呈现较高的正线性关系，便于对中部槽整体磨损进行较为准确的预测。

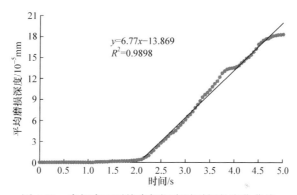

图 5.62　中板表面平均磨损深度随时间的变化曲线

3) 细观状态下中部槽的磨损行为

为揭示细观状态下煤颗粒对中板的作用与中部槽磨损之间的关系，特对典型煤颗粒进行追踪，图 5.63 为典型煤颗粒在不同时刻的位置姿态及其对中板造成的磨损。从图中可以看出，在 3.35s 时，由于受到刮板与链条共同的法向挤压作用，709 号颗粒对中板的载荷较大，发生三体磨损，在其表面留有清晰可见的磨损痕迹；随着煤颗粒在刮板推动下逐渐向前运动，709 号颗粒的姿态在 3.4s 时与之前相比已出现轻微的改变，施加在该颗粒上的法向载荷减弱，致使其对中板表面产生的三体磨损量明显降低；709 号颗粒的姿态在运输过程中继续改变，到达 3.45s 时，该颗粒已基本不受刮板与链条的法向作用，仅在推力作用下继续向前运动，在中板表面仅发生损害相对较轻的两体磨损。因此，虽然中部槽磨损的形式主要为三体磨损和两体磨损，但三体磨损在其中起主导作用。三体磨损并非一定发生，只有当煤颗粒以恰当的形态处在刮板正下方时，颗粒才会在法向作用下对中板表面造成损害较大的三体磨损。当煤颗粒不受法向载荷而独自对中板施加载荷时，仅发生损害相对轻微的两体磨损。

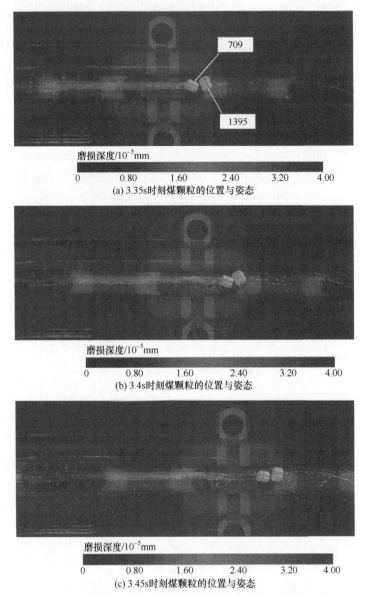

(a) 3.35s时刻煤颗粒的位置与姿态

(b) 3.4s时刻煤颗粒的位置与姿态

(c) 3.45s时刻煤颗粒的位置与姿态

图 5.63　典型煤颗粒在不同时刻的位置与姿态及其对中板造成的磨损

5.3　本 章 小 结

本章依据接触力学理论探究了刮板输送机运输过程中煤散料与中部槽间的接

触形式及接触力效应,发现煤散料以滑动为主、滚动为辅的形式在中部槽中运动。通过单因素磨粒磨损试验,研究了煤种、粒度、含水率、含矸率对磨损量的影响;通过多因素磨粒磨损正交试验,研究了煤种、磨料粒度、含水率、含矸率、压力和滑动速度六种因素对磨损量的影响。试验结果表明,含水率、含矸率和压力对中部槽磨损影响较为显著。通过分析煤散料的物理性质和工况条件对磨损量的影响规律,发现磨损常数、剪切模量、泊松比、密度对磨损量的影响依次降低,且磨损量随着速度和粒度的增大而增大。在刮板输送机耦合仿真研究中发现,中部槽中板的主要磨损形式为三体磨损,两体磨损只占很小一部分。

参 考 文 献

[1] 波波夫. 接触力学与摩擦学的原理及其应用. 北京: 清华大学出版社, 2011.

[2] 李鹏鹏, 周伟, 熊美林, 等. 复杂形状颗粒 DEM 模拟及其对宏观力学响应影响研究. 武汉大学学报(工学版), 2018, 51(6): 478-486.

[3] 井向阳, 杨利福, 马刚, 等. 考虑颗粒形状的面板堆石坝振动台模型试验 DEM 模拟. 振动与冲击, 2018, 37(24): 99-105.

[4] Xiao X, Tan Y, Deng R, et al. Investigation of contact parameters of DEM model in flow process. International Conference on Discrete Element Methods, Singapore, 2016: 465-473.

[5] 夏蕊, 杨兆建, 李博, 等. 基于离散元法的煤散料堆积角试验研究. 中国粉体技术, 2018, 24(6): 36-42.

[6] 中国煤炭工业协会. 煤炭产品品种和等级划分(GB/T 17608—2006). 北京: 中国标准出版社, 2006.

[7] 张振红. 干法选煤技术在永煤集团的应用实践与前景. 选煤技术, 2017, (1): 84-89.

[8] 刘海霞. 常村煤矿选煤厂技术改造可行性分析. 洁净煤技术, 2015, 21(3): 53-56.

[9] 贾金鑫. 动力煤全粒级干法选煤工艺的设计与研究. 选煤技术, 2017, (6): 78-81.

[10] Mei L, Hu J Q, Yang J M, et al. Research on parameters of EDEM simulations based on the angle of repose experiment. 2016 IEEE 20th International Conference on Computer Supported Cooperative Work in Design, Nanchang, 2016: 570-574.

[11] Xia R, Li B, Wang X W, et al. Measurement and calibration of the discrete element parameters of wet bulk coal. Measurement, 2019, 142: 84-95.

[12] 刘治翔, 谢春雪, 毛君, 等. 物料装载工况刮板输送机纵扭耦合振动分析. 振动. 测试与诊断, 2019, 39(1): 147-152.

[13] 张宽, 王淑平, 杨兆建, 等. 圆环链与驱动链轮啮合接触试验台的设计与研究. 煤炭技术, 2016, 35(9): 232-234.

[14] 焦宏章, 杨兆建, 王淑平. 刮板输送机链轮传动系统接触动力学仿真分析. 煤炭学报, 2012, 37(S2): 494-498.

[15] 中华人民共和国机械工业部. 固定磨粒磨料磨损试验销 砂纸盘滑动磨损法(JB/T 7506—1994). 北京: 机械工业出版社, 1995.

[16] 中国煤炭工业协会. 煤的落下强度测定方法(GB/T 15459—2006). 北京: 中国标准出版社, 2007.

[17] 中国煤炭工业协会. 煤的可磨性指数测定方法 哈德格罗夫法(GB/T 2565—2014). 北京: 中国标准出版社, 2014.

[18] 蔡柳, 王学文, 王淑平, 等. 煤散料在刮板输送机中部槽中的运动分布特征与作用力特性. 煤炭学报, 2016, 41(S1): 247-252.

[19] 张延强, 李秀红, 任家骏, 等. WK-75 型矿用挖掘机斗齿的磨损分析. 工程设计学报, 2015, 22(5): 493-498.

第6章　中板材料选择策略

6.1　中板材料评价方法

中部槽中板材料的选择是一个非常关键的过程，需要从全局角度综合评估中板材料的选取、性能研究和现实应用整个流程，借此对各材质中板的综合性能做出一个合理的评估，并且根据各煤矿本身工况条件的差异得到与该煤矿最匹配的中部槽中板材料，从而缩减煤矿的支出成本，提升其生产效率，消耗尽可能少的资源换取尽可能多的效益。在此过程中有两点至关重要，首先需要选择合适的指标以建立合理的评价体系，这是进行中板材料评估的基础，其次是挑选最恰当的方法进行评估，进而保证最终评估论断具有较高的准确度和可信度。

6.1.1　创建评价指标

1. 创建原则

在进行中部槽中板材料评估过程中，所选取评价指标的合理程度直接决定了最终评估论断的正确度和可靠度，因此评价指标的选取必须慎之又慎。仅通过简单的拼凑组合而确立的中部槽中板材料评价指标是不合理、不可靠的，只有遵循必要的原则选取的指标所描述的中板材料的性能才是准确可靠的，才能作为后续的参考。

(1) 目标性原则。根据希望达到的目标建立指标层和子指标层，并据此对各中板材料的性能进行详细的比较，进而做出合理的评估。

(2) 综合性和整体性原则。创建一个合理的评价指标体系需要把中板材料各方面的性质全部考虑在内，不可有失偏颇，只有将相对独立的各指标有机结合起来，才能从全局角度系统地评估中板材料，因此要想选择出最合适的评价指标就需要对材料性能有一个全面而深入的了解。

(3) 可操作性原则。以已有资料为参考，在对中板材料性质深刻理解的基础上，将经过反复认真筛选后的指标相互对比并开展试验测试，由此获得的结果便可进行操作。

(4) 重要性原则。确定指标的过程中需对中板材料进行全方位考虑，因此要注意主次分明，对于能评判中部槽中板材料优劣的重要因素应重视并重点表述，同时也要注意指标数量不宜过多，避免造成计算量过大及不必要的计算。

(5) 定量性原则。尽可能实现评价指标定量化以便于进行直观比较，对于不能定量化的定性指标可通过评分实现定量描述。

2. 评价指标体系的设计

本书的评价指标体系是按照目标层—指标层—子指标层的多级结构形式建立的。其中，目标层起到一个统筹作用，用以代表中部槽中板材料的选择；指标层从不同角度描述常用中板材料的性能，属于概括性指标且它们之间是相互独立的；子指标层从属于指标层，从不同方向具体地描述中板材料的各种性质，是可以较轻松测定和评估的二级指标。指标层和子指标层具体可划分为定性指标和定量指标，分别通过文字与数据进行描述。

6.1.2　评价方法

1. 单指标评价方法

评价指标只有一个的综合评价方法称为单指标评价方法，这就要求这个指标必须低于其他所有指标才能判定为该等级。但是这样得到的结论过于片面，无法将中板材料的实际情况真实地反映出来。评价模型如下。

评价指标选择相似项目所对应的参照值，设 A_i 为单项评价指数，计算该指数。

$$A_i = \frac{b_i}{a_i}, \quad i=1,2,\cdots,n \tag{6.1}$$

式中，A_i 为单项评价指数；b_i 为目标单项评价指标设计值；a_i 为类比单项评价指标参照值。

2. 综合评价指数法

根据某选定标准比较评价指标进而展开综合评价的方法称为综合评价指数法。为了解决每个指标的参数和评价方法不同而造成的计算复杂问题，预先选择一个衡量标准作为唯一参考，通过计算在此标准下各指标的折算指数进而获得综合指数，然后根据综合指数开展综合评估。只是因为不同指标对应的评估方式不一致，难以找到甚至完全找不到一个统一的衡量标准，故实际操作比较困难。评价模型如下。

设评价对象总数量为 n，指标数量为 p，第 i 个对象的第 j 项指标对应数据为 x_{ij}，第 j 项指标的值为非负数的次数为 n^+，第 j 项指标的值为负数的次数为 n^-，分别求 x_{ij} 的正、负均值 $\bar{x}_j^+$、$\bar{x}_j^-$，可得

$$\begin{cases} \overline{x}_j^+ = \dfrac{1}{n^+} \sum_{i=1,j=1}^{i=n,j=p} x_{ij}, & x_{ij} > 0;\ i=1,2,\cdots,n;\ j=1,2,\cdots,p \\[3mm] \overline{x}_j^- = \dfrac{1}{n^-} \sum_{i=1,j=1}^{i=n,j=p} x_{ij}, & x_{ij} < 0;\ i=1,2,\cdots,n;\ j=1,2,\cdots,p \end{cases} \tag{6.2}$$

对 x_{ij} 进行无量纲化：

$$\begin{cases} k_{ij} = \dfrac{x_{ij}}{\overline{x}_j^+}, & x_{ij} > 0 \\[3mm] k_{ij} = \dfrac{x_{ij}}{|\overline{x}_j^-|}, & x_{ij} < 0 \end{cases} \tag{6.3}$$

式中，k_{ij} 为 x_{ij} 的折算指数。

求综合指数，即求各项指标的折算指数的均值。

$$k_i = \frac{1}{p} \sum_{j=1}^{p} k_{ij}, \quad i=1,2,\cdots,n \tag{6.4}$$

3. 百分制法

将对一个指标所打的分数与其权重结合进而求得其最终得分，利用最终的总得分评判中部槽中板材料优劣程度的评价方法称为百分制法。在此过程中，各评价指标最终得分首先由专家对各评价指标进行打分，再乘以其所占权重求得，但由此方法得到的结果不够客观，评价过程中评价指标不规范且并未考虑到各性质间存在的相互影响，主观性比较强。评价模型如下[1]。

设评价指标集为 $U=\{u_1,u_2,\cdots,u_n\}$，专家集为 $Q=\{q_1,q_2,\cdots,q_h\}$，决策集为 $D=\{d_1,d_2,\cdots,d_m\}$，任一专家 j 项指标的评分为 x_{ij}^k $(i=1,2,\cdots,m;j=1,2,\cdots,n;k=1,2,\cdots,h)$，则其评分的平均偏差为

$$r_{ij}^k = \left| x_{ij}^k - \overline{x}_{ij} \right| \tag{6.5}$$

式中，$\overline{x}_{ij} = \dfrac{1}{h} \sum_{k=1}^{k} x_{ij}^k$。

r_{ij}^k 表征了专家评分的主观性程度，其值越小，说明评价主观性越小。将 r_{ij}^k 进行标准化处理，可得

$$f\left(r_{ij}^k\right) = \frac{r_{ij}^k - \min_{1 \leqslant k \leqslant h}\left\{r_{ij}^k\right\}}{\max_{1 \leqslant k \leqslant h}\left\{r_{ij}^k\right\} - \min_{1 \leqslant k \leqslant h}\left\{r_{ij}^k\right\}} \tag{6.6}$$

设 R^k 为专家 k 评分的客观性指标，则

$$R^k = \sum_{i=1}^{m}\sum_{j=1}^{n} f\left(r_{ij}^k\right) \tag{6.7}$$

设平均偏差的偏差为 t_{ij}^k，则

$$t_{ij}^k = \left|r_{ij}^k - c_{ij}\right| \tag{6.8}$$

式中，$c_{ij} = \sqrt{\dfrac{1}{h-1}\sum_{k=1}^{h}\left(r_{ij}^k - \overline{r_{ij}}\right)^2}$，$\overline{r_{ij}} = \dfrac{1}{h}\sum_{k=1}^{h} r_{ij}^k$。

t_{ij}^k 反映了专家 k 对第 i 个单位的第 j 项指标的评分偏差对平均偏差的一致水平和波动水平，专家打分的公平性与各偏差水平一致性随 t_{ij}^k 值的升高而降低。将 t_{ij}^k 进行标准化处理，可得

$$g\left(t_{ij}^k\right) = \frac{t_{ij}^k - \min_{1 \leqslant k \leqslant h}\left\{t_{ij}^k\right\}}{\max_{1 \leqslant k \leqslant h}\left\{t_{ij}^k\right\} - \min_{1 \leqslant k \leqslant h}\left\{t_{ij}^k\right\}} \tag{6.9}$$

设专家 k 评分的客观性指标为 T^k，则

$$T^k = \sum_{i=1}^{m}\sum_{j=1}^{n} g\left(r_{ij}^k\right) \tag{6.10}$$

专家打分过程中，在保证评分客观性的同时还需确保其公正性，设专家 k 的评价指标为 L^k，则

$$L^k = \frac{1}{2}R^k + \frac{1}{2}T^k \tag{6.11}$$

L^k 的大小表征了专家评分的客观公正性，评分的客观公正程度随 L^k 值的减小而增大。将 L^k 进行标准化处理，进而求得各专家评分的权重系数 W^k，即

$$W^k = 1 - \frac{L^k}{\sum\limits_{k=1}^{h} L^k} \tag{6.12}$$

因此，$\sum\limits_{k=1}^{h} W^k = 1$ 成立。

最后对各投标单位的最终得分 C_i 进行修正，即

$$C_i = \sum_{k=1}^{h} W^k C_i^k \tag{6.13}$$

式中，C_i^k 为专家 k 最初给予投标单位 i 的分值。

4. 层次分析法

层次分析法在对对象进行评价和决策时，首先要确定对象的指标即影响因素，从而建立指标层，并通过深度解析指标层建立子指标层，进而构造出"目标层—指标层—子指标层"形式的层次体系。其次为了统一指标间的标度，通常采用 0～9 标度法或者 0.1～0.9 标度法，针对各指标间的相对重要性，依据标度法建立相应的矩阵，从而利用矩阵求得各指标的相对重要性即所占权重，然后根据相对重要性进行排序就能获得最优解。由于层次分析法简单实用，在农业、工业、交通以及军事等多个领域被广泛应用。经过后续科研人员的不断改进和优化，至今仍有很多人在使用层次分析法。一般情况下，层次分析法的步骤如下[2]：

(1) 分析系统对象各指标，建立层次体系模型。

(2) 建立指标层、子指标层的判断矩阵。

(3) 计算指标层各指标权重。

(4) 对各指标权重排序并通过矩阵一致性检验。

设置待解决的问题为目标层，设置目标的影响因素为指标层、子指标层，设置最终决策中的可选项为方案层，这样便建成了层次结构模型。当结构模型建成后，为获得子指标层和指标层分别对于指标层和方案层相对重要性的准确排序，对于每一个指标和子指标都需要遵循一定的标度进行量化，以便获得最终总排序结果。

层次分析法虽然优点显著，但同样有以下几项缺点：

(1) 由于采用了相对标度法作为统一标准，所得结果主观性较强。

(2) 结果有局限性，只能从方案层即提供的决策方案中选择。

(3) 判断矩阵必须通过一致性检验。

(4) 结果的准确度受指标评价体系完善性的影响极大。

(5) 矩阵特征值的计算多次利用到平均值，导致由此所积累的误差对最终结果的影响较大。

5. 模糊数学综合评判法

模糊方法在一些具有模糊性的经济现象中被广泛应用，后来逐渐被其他学者拓展到其他行业。模糊数学综合评判法不仅能够定量地评价目标，也能定性地评价无法定量评价的模糊现象，还能够对目标进行定量评价和定性评价相结合的综合评价，因此被大量应用于综合评价企业的业绩。

该方法是一种能使复杂问题简单化，能够系统全面地对目标影响因素进行评价的评价方法。其各指标评价结果对比鲜明，易操作，可以有效合理地处理一些难以定量描述的问题；由于不同的评判因素对应着不同的评价标准，这就需要进行多级评价，使得所用到的隶属函数十分复杂，现今仍找不到一种有效的通用方案使其简化。

6. 模糊层次分析法

模糊层次分析法是一种将模糊理论与传统层次分析法相结合的方法[3]。模糊层次分析法集层次分析法与模糊数学的优点于一身，使得该方法适用于多种环境，操作可行性强，与层次分析法相比，其实操性更强，所得结果的可靠度和准确性更强。

比较层次分析法和模糊数学综合评判法，无论哪一种方法，均可作为对建立的中部槽中板材料选择评价模型的评价方法，但每一种都有其自己的劣势。层次分析法只是在一个较浅的层面对各层次进行分析，缺乏深层面的综合研究；模糊数学综合评判法的主观性较强，无法确保每一层次所占权重均具有较高的正确度；相比而言，模糊层次分析法建立的数学模型较为简单，简化了复杂评价指标的处理过程，而且避免了模糊一致性判断这一过程，精简了分析步骤，可以对各个中部槽中板材料的性能做出一个合理的评价，为各煤矿根据自身情况做出最佳的中板材料选择，更加具有明显的优势。

在中部槽中板材料评估过程中，各指标间既相互独立又相互影响，从评价特征的角度出发，比较上述六种评估方法各自的优缺点，结合本次评估目的，本章以模糊一致矩阵为基础，运用模糊层次分析法对各中板材料的综合性能进行了系统的评估。与模糊层次分析法相比，其他评价方法有的客观性不强，易受主观影响；有的考虑不周，评价有失偏颇；有的难以确定统一的衡量标准，总之都存在较为显著的局限或缺陷，这些因素都使得其不太适用于中部槽中板材料评价。因此，本章选用基于模糊一致矩阵的模糊层次分析法针对自身需求为不同煤矿做出最适宜的中板材料选择。

6.2　基于模糊层次分析法的中板材料评价

6.2.1　模糊层次分析法基本理论

模糊层次分析法是一种以传统层次分析法和模糊理论为基础，将目标各种影响因素以及人在思考问题时的模糊性全部统一在一起，以一定的方法进行评估的综合评价方法。本书以模糊一致矩阵为基础，运用模糊层次分析法系统地评价各中板材料的综合性能，为中板材料的选取提供可靠的理论参考。该方法是按照下述流程进行的：建立"目标层—指标层—子指标层—方案层"形式的层次评估结构模型并以之作为整个评估流程的基本框架；构造合适的模糊互补矩阵用于后续判定。该矩阵是以上一层内容为基础，相互对比下一层相对于其重要程度而得。假设评价指标体系中目标层为 U、指标层为 A、子指标层为 B，例如，以目标层 U 为基础，对比指标层 A 的相对重要性以构造相应的模糊互补判断矩阵 $A=[a_{ij}]_{n\times n}$。

$$A=[a_{ij}]_{n\times n}=\begin{bmatrix} U & A_1 & A_2 & \cdots & A_n \\ A_1 & a_{11} & a_{12} & \cdots & a_{1n} \\ A_2 & a_{21} & a_{22} & \cdots & a_{2n} \\ \vdots & \vdots & \vdots & & \vdots \\ A_n & a_{n1} & a_{n2} & \cdots & a_{nn} \end{bmatrix} \tag{6.14}$$

式中，a_{ij} 表征指标层 U 考虑指标 A_i 相对于指标 A_j 的重要性程度。本章采用 0.1～0.9 标度法来衡量两者间相对重要性，该标度法含义如表 6.1 所示。

$$\begin{cases} a_{ii}=0.5, & i=1,2,\cdots,n \\ a_{ij}+a_{ji}=1, & i,j=1,2,\cdots,n \end{cases} \tag{6.15}$$

表 6.1　0.1～0.9 标度法含义

标度	含义
0.1	指标 i 和指标 j 相比，j 比 i 极端重要
0.2	指标 i 和指标 j 相比，j 比 i 强烈重要
0.3	指标 i 和指标 j 相比，j 比 i 明显重要
0.4	指标 i 和指标 j 相比，j 比 i 轻微重要
0.5	指标 i 和指标 j 相比，i 和 j 一样重要
0.6	指标 i 和指标 j 相比，i 比 j 轻微重要
0.7	指标 i 和指标 j 相比，i 比 j 明显重要
0.8	指标 i 和指标 j 相比，i 比 j 强烈重要
0.9	指标 i 和指标 j 相比，i 比 j 极端重要

1. 层次单排序

先求得相对于上一层次某一指标下本层次指标的权重向量，然后对相对于上一层的指标下本层次指标的相对重要性进行排序，这个过程就叫做层次单排序，求解模糊判断矩阵排序向量的表达式为[4]

$$w_i=\dfrac{\sum\limits_{j=1}^{n} a_{ij}+\dfrac{n}{2}-1}{n(n-1)}, \quad i=1,2,\cdots,n \tag{6.16}$$

设模糊互补判断矩阵 A 的权重向量为 $w=[w_1,w_2,\cdots,w_n]$，其中

$$\sum_{i=1}^{n}w_i=1, \quad w_i \geqslant 0; \; i=1,2,\cdots,n \tag{6.17}$$

2. 模糊互补一致性矩阵

如果对任意的 i,j,k，模糊互补判断矩阵 $A=[a_{ij}]_{n\times n}$ 始终都满足：$a_{ij}=a_{ik}-a_{jk}+0.5, i,j,k=1,2,\cdots,n$，则矩阵 A 称为模糊互补一致性矩阵。

根据式(6.15)，把模糊互补判断矩阵转换成模糊互补一致性矩阵，最终权重用求得的权重值表示，降低了计算量的同时使结果更加科学有效[5]。

$$r_{ij}=\frac{r_i-r_j}{2(n-1)}+0.5, \quad j=1,2,\cdots,n \tag{6.18}$$

式中，$r_i=\sum_{k=1}^{n}a_{ik}$。

将数据代入式(6.16)，关于模糊互补一致性矩阵的权重向量为

$$W_i=\frac{\sum_{j=1}^{n}r_{ij}+\frac{n}{2}-1}{n(n-1)}, \quad i=1,2,\cdots,n \tag{6.19}$$

设有 m 个专家进行决策，决策时最终的权重一般由多个人对决策建议给出的权重的均值表示，进而决定决策方案，则

$$W_i=\frac{1}{n}\sum_{k=1}^{m}W_i^{(k)}, \quad i=1,2,\cdots,n \tag{6.20}$$

3. 层次总排序

整个指标层从上层到下层挨个计算相对于目标层的相对重要性所占权重并进行整体排序的过程称为层次总排序。设指标层一共有 m 层，则层次总排序向量为

$$W=W^{(m)}W^{(m-1)}\cdots W^{(1)} \tag{6.21}$$

4. 各方案的子指标值对应得分

针对每个指标利用 0.1～0.9 标度法对不同方案的相对优劣程度进行评价，再把所得相对重要值组成模糊互补一致性矩阵。后续按照前面进行层次单排序的流程继续开展运算，进而求得各方案子指标得分矩阵 G，结果如表 6.2 所示。

表 6.2　子指标得分矩阵

指标方案	E_1	E_2	$\cdots$	E_n
方案 1	b_{11}	b_{12}	$\cdots$	b_{1n}
方案 2	b_{21}	b_{22}	$\cdots$	b_{2n}
$\vdots$	$\vdots$	$\vdots$	$\vdots$	$\vdots$
方案 m	b_{m1}	b_{m2}	$\cdots$	b_{mn}

因此，有

$$G^{\mathrm{T}} = \begin{bmatrix} b_{11} & b_{21} & \cdots & b_{m1} \\ b_{12} & b_{22} & \cdots & b_{m2} \\ \vdots & \vdots & & \vdots \\ b_{1n} & b_{2n} & \cdots & b_{mn} \end{bmatrix} \tag{6.22}$$

式中，b_{ij} 为权重值，即各子指标的得分值，且 $\sum_{i=1}^{m} b_{ij} = 1$，$j = 1, 2, \cdots, m$。

5. 各方案得分确定

$$\begin{cases} F = 100WG^{\mathrm{T}} = [f_1, f_2, \cdots, f_m] \\ f_t = \max f_j, \quad j = 1, 2, \cdots, m \end{cases} \tag{6.23}$$

式中，F 为各方案最终得分；f_t 为选择得分最高的方案。

作为一种权重比较分析方法，层次分析法能够把所提供的方案层本身的性质与决策者的主观判断相结合，解决指标比较多的问题同时实现指标量化，更加公正合理地分析评价所提供的方案层，最终得到最佳方案。中板材料选择是一个相对模糊的概念，同时那些影响因素对其有多大的影响效果也是模糊的，很难利用数字进行精确的定量表示。为保证结果的正确性，利用传统方法对于统一衡量标准具有很高的精确度要求，而模糊理论本质上就是一种运用模糊数学专门求解该类模糊性问题的方法，能够实现从模糊性层面制定评价指标的衡量标准，增加指标的多样性，能够对各种中板材料的综合性能进行更加系统全面的分析。本章利用模糊层次分析法除可以构造合理的中板材料评价指标体系外，还可以利用模糊矩阵对比各指标相应的权重，结合人的模糊性，比较客观地对中板材料的各种定性指标和定量指标进行了全面综合而又科学系统的评估，合理公正地评价了中板材料的综合性能。

6.2.2 中板材料选择过程

1. 建立评价指标体系及层次结构模型

在符合煤矿生产规范的条件下，结合其自身的经济实力，可供挑选的中板材料的大致范围已基本确定。机械性能、工艺性能、经济性能和环境属性这四个属性是中板材料挑选过程中最为重要的指标，一级指标层选用这四个指标来创建中板材料选择体系[6]。机械性能指标层下隶属有三个子指标，分别为耐磨性、布氏硬度和抗拉强度；工艺性能指标层下隶属有两个子指标，分别为切削性能和焊接性能；经济性能指标层下隶属有三个子指标，分别为材料成本、加工制造成本和回收处理成本；环境属性指标层下隶属有两个子指标，分别为粉尘污染和回收性。中板材料评价体系如图 6.1 所示，在为方案层各方案进行评分时需综合考虑各个指标以便得到最适宜的方案。

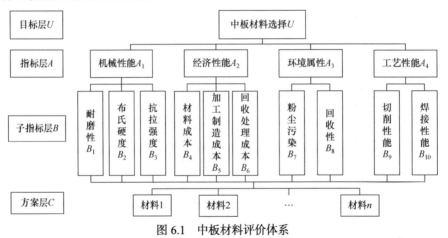

图 6.1　中板材料评价体系

2. 确定中板材料各指标权重

以磨损程度适中的作业条件为例进行研究。将建好的评价模型交给设计小组的专家成员，两位专家以目标层为基准，通过对比指标层各指标的相对重要度(表6.3)，进而获得模糊互补一致性矩阵，并根据该矩阵对各指标进行权重排序。

表 6.3　指标层 A 相对于目标层的重要度

指标权重	U	机械性能 A_1	经济性能 A_2	环境属性 A_3	工艺性能 A_4
	机械性能 A_1	0.5	0.5	0.7	0.7
	经济性能 A_2	0.5	0.5	0.7	0.7
专家 1	环境属性 A_3	0.3	0.3	0.5	0.6
	工艺性能 A_4	0.3	0.3	0.4	0.5

续表

指标权重	U	机械性能 A_1	经济性能 A_2	环境属性 A_3	工艺性能 A_4
专家 2	机械性能 A_1	0.5	0.7	0.8	0.8
	经济性能 A_2	0.3	0.5	0.7	0.8
	环境属性 A_3	0.2	0.3	0.5	0.5
	工艺性能 A_4	0.2	0.2	0.5	0.5

依据专家 1 提供的相对重要性数据和式(6.16)，求得对应的权重向量为 w_1=[0.2833, 0.2833, 0.2250, 0.2083]。根据式(6.18)求得模糊互补一致性矩阵 R_1，即

$$R_1 = \begin{bmatrix} 0.5000 & 0.5000 & 0.6167 & 0.6500 \\ 0.5000 & 0.5000 & 0.6167 & 0.6500 \\ 0.3833 & 0.3833 & 0.5000 & 0.5333 \\ 0.3500 & 0.3500 & 0.4667 & 0.5000 \end{bmatrix} \tag{6.24}$$

根据式(6.19)求得模糊互补一致性矩阵 R_1 的权重向量为 W_1=[0.2722, 0.2722, 0.2333, 0.2222]。

依据专家 2 提供的相对重要性数据和式(6.16)，求得对应的权重向量为 w_2=[0.3167, 0.2750, 0.2083, 0.2000]。根据式(6.18)求得模糊互补一致性矩阵 R_2，即

$$R_2 = \begin{bmatrix} 0.5000 & 0.5833 & 0.7167 & 0.7333 \\ 0.4167 & 0.5000 & 0.6333 & 0.6500 \\ 0.2833 & 0.3667 & 0.5000 & 0.5567 \\ 0.2667 & 0.3500 & 0.4833 & 0.5000 \end{bmatrix} \tag{6.25}$$

根据式(6.19)求得模糊互补一致性矩阵 R_2 对应的权重向量为 W_2=[0.2944, 0.2667, 0.2222, 0.2167]。根据式(6.21)求解，可得两位专家评估权值的均值为 W=[0.2833, 0.2695, 0.2278, 0.2195]。

求解子指标层中每个指标占相对应指标层的权重，如表 6.4~表 6.7 所示，得到 W_{A_1} =[0.3833, 0.3458, 0.2708]、W_{A_2} =[0.4083, 0.2958, 0.2958]、W_{A_3} =[0.45, 0.55]、W_{A_4} =[0.45, 0.55]，计算总权重，如表 6.8 所示。

表 6.4　子指标层 B_1~B_3 相对于指标层 A_1 的重要度

A_1	耐磨性 B_1	布氏硬度 B_2	抗拉强度 B_3
耐磨性 B_1	0.5	0.6	0.8
布氏硬度 B_2	0.4	0.5	0.7
抗拉强度 B_3	0.2	0.3	0.5

表 6.5　子指标层 B_4～B_6 相对于指标层 A_2 的重要度

A_2	材料成本 B_4	加工制造成本 B_5	回收处理成本 B_6
材料成本 B_4	0.5	0.8	0.8
加工制造成本 B_5	0.2	0.5	0.5
回收处理成本 B_6	0.2	0.5	0.5

表 6.6　子指标层 B_7～B_8 相对于指标层 A_3 的重要度

A_3	粉尘污染 B_7	回收性 B_8
粉尘污染 B_7	0.5	0.4
回收性 B_8	0.6	0.5

表 6.7　子指标层 B_9～B_{10} 相对于指标层 A_4 的重要度

A_4	切削性能 B_9	焊接性能 B_{10}
切削性能 B_9	0.5	0.4
焊接性能 B_{10}	0.6	0.5

表 6.8　各层次指标权重

指标层	指标权重	子指标层	子指标权重	总权重
机械性能	0.2833	耐磨性	0.3833	0.1086
		布氏硬度	0.3458	0.0980
		抗拉强度	0.2708	0.0767
经济性能	0.2695	材料成本	0.4083	0.1100
		加工制造成本	0.2958	0.0797
		回收处理成本	0.2958	0.0797
环境属性	0.2278	粉尘污染	0.45	0.1025
		回收性	0.55	0.1253
工艺性能	0.2195	切削性能	0.45	0.0988
		焊接性能	0.55	0.1207

　　当处于磨损量大的工况时，重复上述步骤可得专家评估权值的均值为 W= [0.3111, 0.2444, 0.2278, 0.2167]。以指标层为基准，求解子指标层各指标所占权重，并求其整体的总权重，结果如表 6.9 所示。

表 6.9　大磨损工况下各层次指标权重

指标层	指标权重	子指标层	子指标权重	总权重
机械性能	0.3111	耐磨性	0.3833	0.1192
		布氏硬度	0.3458	0.1076
		抗拉强度	0.2708	0.0842
经济性能	0.2444	材料成本	0.4083	0.0998
		加工制造成本	0.2958	0.0723
		回收处理成本	0.2958	0.0723
环境属性	0.2278	粉尘污染	0.45	0.1025
		回收性	0.55	0.1253
工艺性能	0.2167	切削性能	0.45	0.0975
		焊接性能	0.55	0.1192

当处于磨损量小的工况时，可得专家评估权值的均值为 W=[0.2361, 0.3083, 0.2250, 0.2306]。以指标层为基准，求解子指标层各指标所占权重，并求其整体的总权重，结果如表 6.10 所示。

表 6.10　小磨损工况下各层次指标权重

指标层	指标权重	子指标层	子指标权重	总权重
机械性能	0.2361	耐磨性	0.3833	0.0905
		布氏硬度	0.3458	0.0816
		抗拉强度	0.2708	0.0639
经济性能	0.3083	材料成本	0.4083	0.1259
		加工制造成本	0.2958	0.0912
		回收处理成本	0.2958	0.0912
环境属性	0.225	粉尘污染	0.45	0.1013
		回收性	0.55	0.1238
工艺性能	0.2306	切削性能	0.45	0.1038
		焊接性能	0.55	0.1268

3. 确定各指标得分

各指标最终得分的依据是对不同材质中板的每项性能指标的评价结果，以 Q345、NM360、NM400、NM450、NM500、HD400 六种中板为例进行介绍。结合自身多年积累的经验，两位专家参考了实验室同组成员测得的六种材质中板各自的耐磨性，针对其耐磨性指标 B_1 做出合理的评估，将结果进行统计并整理得到表 6.11。

表 6.11　不同中板耐磨性评价表

	B_1	Q345	NM360	NM400	NM450	NM500	HD400
专家 1	Q345	0.5	0.4	0.3	0.2	0.2	0.2
	NM360	0.6	0.5	0.4	0.3	0.3	0.4
	NM400	0.7	0.6	0.5	0.4	0.4	0.4
	NM450	0.8	0.7	0.6	0.5	0.4	0.5
	NM500	0.8	0.7	0.6	0.6	0.5	0.6
	HD400	0.8	0.6	0.6	0.5	0.4	0.5
专家 2	Q345	0.5	0.4	0.4	0.3	0.3	0.3
	NM360	0.6	0.5	0.4	0.3	0.3	0.3
	NM400	0.6	0.6	0.5	0.4	0.3	0.4
	NM450	0.7	0.7	0.6	0.5	0.4	0.5
	NM500	0.7	0.7	0.7	0.6	0.5	0.6
	HD400	0.7	0.7	0.6	0.5	0.4	0.5

利用式(6.16)、式(6.18)～式(6.20)，计算专家 1 和 2 所求权重的均值，则六种材质中板在耐磨性方面所占权重为 W_1=[0.1467, 0.1557, 0.1647, 0.1757, 0.1827, 0.1747]。

比较六种材质中板在耐磨性方面所占权重，其耐磨性强弱程度为：NM500>NM450>HD400>NM400>NM360>Q345。

类似耐磨性指标，合理地评估六种材质中板的其余 9 种性能指标 B_2～B_{10}，将结果进行统计并整理得到表 6.12～表 6.20。

表 6.12　不同中板材料布氏硬度评价表

B_2	Q345	NM360	NM400	NM450	NM500	HD400
Q345	0.5	0.4	0.4	0.4	0.35	0.4
NM360	0.6	0.5	0.45	0.4	0.4	0.45
NM400	0.6	0.55	0.5	0.45	0.45	0.5
NM450	0.6	0.6	0.55	0.5	0.5	0.55
NM500	0.65	0.6	0.55	0.5	0.5	0.55
HD400	0.6	0.55	0.5	0.45	0.45	0.5

表 6.13　不同中板材料抗拉强度评价表

B_3	Q345	NM360	NM400	NM450	NM500	HD400
Q345	0.5	0.3	0.3	0.3	0.3	0.3
NM360	0.7	0.5	0.45	0.45	0.45	0.45
NM400	0.7	0.55	0.5	0.5	0.45	0.5
NM450	0.7	0.55	0.5	0.5	0.5	0.5
NM500	0.7	0.55	0.55	0.5	0.5	0.5
HD400	0.7	0.55	0.5	0.5	0.5	0.5

表 6.14　不同中板材料成本评价表

B_4	Q345	NM360	NM400	NM450	NM500	HD400
Q345	0.5	0.7	0.7	0.8	0.8	0.9
NM360	0.3	0.5	0.55	0.6	0.65	0.9
NM400	0.3	0.45	0.5	0.55	0.6	0.8
NM450	0.2	0.4	0.45	0.5	0.6	0.8
NM500	0.2	0.35	0.4	0.4	0.5	0.8
HD400	0.1	0.1	0.2	0.2	0.8	0.5

表 6.15　不同中板材料加工制造成本评价表

B_5	Q345	NM360	NM400	NM450	NM500	HD400
Q345	0.5	0.6	0.6	0.65	0.65	0.7
NM360	0.4	0.5	0.5	0.5	0.6	0.6
NM400	0.4	0.5	0.5	0.5	0.5	0.6
NM450	0.35	0.5	0.5	0.5	0.6	0.6
NM500	0.35	0.4	0.5	0.4	0.5	0.6
HD400	0.3	0.4	0.4	0.4	0.4	0.5

表 6.16　不同中板材料回收处理成本评价表

B_6	Q345	NM360	NM400	NM450	NM500	HD400
Q345	0.5	0.6	0.6	0.6	0.6	0.7
NM360	0.4	0.5	0.5	0.5	0.6	0.6
NM400	0.4	0.5	0.5	0.5	0.5	0.6
NM450	0.4	0.5	0.5	0.5	0.5	0.6
NM500	0.4	0.4	0.5	0.5	0.5	0.6
HD400	0.3	0.4	0.4	0.4	0.4	0.5

表 6.17　不同中板材料粉尘污染评价表

B_7	Q345	NM360	NM400	NM450	NM500	HD400
Q345	0.5	0.5	0.5	0.5	0.5	0.5
NM360	0.5	0.5	0.5	0.5	0.5	0.5
NM400	0.5	0.5	0.5	0.5	0.5	0.5
NM450	0.5	0.5	0.5	0.5	0.5	0.5
NM500	0.5	0.5	0.5	0.5	0.5	0.5
HD400	0.5	0.5	0.5	0.5	0.5	0.5

表 6.18　不同中板材料回收性评价表

B_8	Q345	NM360	NM400	NM450	NM500	HD400
Q345	0.5	0.4	0.4	0.4	0.4	0.3
NM360	0.6	0.5	0.5	0.5	0.4	0.4
NM400	0.6	0.5	0.5	0.5	0.5	0.4
NM450	0.6	0.5	0.5	0.5	0.5	0.4
NM500	0.6	0.6	0.5	0.5	0.5	0.4
HD400	0.7	0.6	0.6	0.6	0.6	0.5

表 6.19　不同中板材料切削性能评价表

B_9	Q345	NM360	NM400	NM450	NM500	HD400
Q345	0.5	0.6	0.6	0.6	0.6	0.7
NM360	0.4	0.5	0.5	0.5	0.5	0.6
NM400	0.4	0.5	0.5	0.5	0.5	0.6
NM450	0.4	0.5	0.5	0.5	0.5	0.6
NM500	0.4	0.5	0.5	0.5	0.5	0.6
HD400	0.3	0.4	0.4	0.4	0.4	0.5

表 6.20　不同中板材料焊接性能评价表

B_{10}	Q345	NM360	NM400	NM450	NM500	HD400
Q345	0.5	0.6	0.6	0.6	0.6	0.6
NM360	0.4	0.5	0.5	0.5	0.5	0.6
NM400	0.4	0.5	0.5	0.5	0.5	0.6
NM450	0.4	0.5	0.5	0.5	0.5	0.6
NM500	0.4	0.5	0.5	0.5	0.5	0.6
HD400	0.4	0.4	0.4	0.4	0.4	0.5

把两位专家对所有指标的评估结果集合到一起，对其进行合理的加工处理后得到表 6.21。

表 6.21　各指标值得分

指标方案	Q345	NM360	NM400	NM450	NM500	HD400
耐磨性	0.1467	0.1557	0.1647	0.1757	0.1827	0.1747
布氏硬度	0.1557	0.1627	0.1677	0.1727	0.1737	0.1677
抗拉强度	0.1467	0.1667	0.1707	0.1717	0.1727	0.1717
材料成本	0.1927	0.1747	0.1687	0.1637	0.1577	0.1427
加工制造成本	0.1807	0.1687	0.1667	0.1677	0.1617	0.1547
回收处理成本	0.1787	0.1687	0.1667	0.1667	0.1647	0.1547
粉尘污染	0.1667	0.1667	0.1667	0.1667	0.1667	0.1667
回收性	0.1547	0.1647	0.1667	0.1667	0.1687	0.1787
切削性能	0.1787	0.1667	0.1667	0.1667	0.1667	0.1547
焊接性能	0.1767	0.1667	0.1667	0.1667	0.1667	0.1567

4. 评估结果

将数据代入式(6.22)，求解可得各方案得分矩阵为

$$G^{\mathrm{T}} = \begin{bmatrix} 0.1467 & 0.1557 & 0.1647 & 0.1757 & 0.1827 & 0.1747 \\ 0.1557 & 0.1627 & 0.1677 & 0.1727 & 0.1737 & 0.1677 \\ 0.1467 & 0.1667 & 0.1707 & 0.1717 & 0.1727 & 0.1717 \\ 0.1927 & 0.1747 & 0.1687 & 0.1637 & 0.1577 & 0.1427 \\ 0.1807 & 0.1687 & 0.1667 & 0.1677 & 0.1617 & 0.1547 \\ 0.1787 & 0.1687 & 0.1667 & 0.1667 & 0.1647 & 0.1547 \\ 0.1667 & 0.1667 & 0.1667 & 0.1667 & 0.1667 & 0.1667 \\ 0.1547 & 0.1647 & 0.1667 & 0.1667 & 0.1687 & 0.1787 \\ 0.1787 & 0.1667 & 0.1667 & 0.1667 & 0.1667 & 0.1547 \\ 0.1767 & 0.1667 & 0.1667 & 0.1667 & 0.1667 & 0.1567 \end{bmatrix} \tag{6.26}$$

当处于磨损量较小的工况时，W=[0.0905, 0.0816, 0.0639, 0.1259, 0.0912, 0.0912, 0.1013, 0.1238, 0.1038, 0.1268]。

当处于磨损量适中的工况时，W=[0.1086, 0.0980, 0.0767, 0.1100, 0.0797, 0.0797, 0.1025, 0.1253, 0.0988, 0.1207]。

当处于磨损量较大的工况时，W=[0.1192, 0.1076, 0.0842, 0.0998, 0.0723, 0.0723, 0.1028, 0.1253, 0.0975, 0.1192]。

将数据代入式(6.23)，求解可得各方案得分。

当处于磨损量小的工况时，F=100WG^T=[16.94, 16.65, 16.71, 16.80, 16.67, 16.16]。

当处于磨损量适中的工况时，F=100WG^T=[16.77, 16.61, 16.71, 16.84, 16.83, 16.26]。

当处于磨损量大的工况时，F=100WG^T=[16.68, 16.58, 16.71, 16.86, 16.87, 16.32]。

5. 结果验证与分析

当处于磨损量较小的工况时，经济性能是中板材料选择过程中煤矿企业和专家们最为关注的。根据计算结果，Q345>NM450>NM500>NM400>NM360>HD400，由此表明最适合的中板材料是 Q345。

当处于磨损量适中的工况时，耐磨性和经济性是中板材料选择过程中主要考虑的。根据分析的最终结果，NM450>NM500>Q345>NM400>NM360>HD400，则 NM450 是煤矿企业和专家们的中板材料的首选。

当处于磨损量较大的工况时，机械性能是中板材料选择过程最主要的影响因素。根据分析的最终结果，NM500>NM450>NM400>Q345>NM360>HD400，故选择 NM500 作为中板材料最好。

6.3　中板材料选择平台

选用恰当材质的中部槽中板不仅能够在很大程度上减缓中部槽的磨损并延长其使用寿命，而且可以降低煤矿的成本；相反，如果选用的中板材料不合适，则会加剧中部槽中板的磨损，严重时甚至会使其提前报废，而且会增加煤矿的经费支出，达不到预期结果。我国煤矿不但数量众多，而且环境复杂。煤矿的设备选购负责人在选择中板材料时往往都是根据其自身经验，这会导致所选用的中板材料并不是最匹配当地煤矿环境的中板材料。为此，本节在中部槽中板材料选择过程中将模糊层次分析法与计算机技术有机地结合在一起，实现了在线选取中板材料，在很大程度上解放了人力。

6.3.1　选择平台关键技术

1. ASP.NET 技术

该技术是由微软公司设计并推出的，将 ASP 与 NET 的优点集合于一身，设计的目的是专门用于 Web 领域以便能够更加便捷地进行 Web 开发。ASP.NET 技术比之前的 ASP 技术具有更好的扩展性、可用性和兼容性，而且更安全、可靠、灵活。本系统运用 Visual Studio 2013 作为开发工具，进行程序的创建、设计、调试及发布[7]。

2. 数据库

SQL 语言是一种用于实现存储、查询、更新、管理数据等操作的程序设计与数据库查询语言。作为一种关系数据库操作语言，SQL 不仅深刻地影响着数据库领域的发展，也引起了其他相关领域的重视并被其应用于实践中，如 SQL 用于人工智能方面来检索数据，同时也被嵌入第四代软件开发工具中。

3. 开发语言

比较当前几种主流的开发语言，如 JAVA、VB、C、C++、C#等，C#语言和ASP.NET 技术都是由微软公司推出的，支持 Web 标准，简单实用，比其他几种语言更契合于 ASP.NET 技术开发平台，故选用 C#语言作为本系统开发语言[7]。

6.3.2　选择平台方案设计

1. 平台结构框架设计

本书设计的中板材料选择平台所用框架为 B/S 架构，所用硬件设备只需一台计算机即可，操作员在使用该平台时不需要下载任何软件，只需在浏览器上登录相关的网址即可，而且在服务器上便可实现对后期相关升级维护的管理，操作简单，方便实用。

2. 平台功能设计

本书设计的中板材料选择平台是依托于网络运行的，主体构造包括中板材料选择模块、中板材料及选择方法介绍模块、文献查询模块及帮助模块四大模块。

6.3.3　选择模块实现及测试

1. 选择模块实现

在计算机上输入中板材料选择平台的相关网址进入初始登录界面，然后在左侧对应位置输入用户信息进行登录，其后便可利用该平台进行相关操作，初始界面如图 6.2 所示。

图 6.2　刮板输送机中板材料选择初始界面

1) 中板材料选择模块

登录后选中页面最上面菜单栏中的"中板选型"标签进入中板选型界面，该页面也可通过选型设计系统中的中板选型功能进入，任选其一即可，该模块的界面如图 6.3 所示。然后单击选取煤矿中煤的含水率、含矸率所处的范围以及煤的种类，选好之后点击"确认"按钮，系统会根据所选的煤自动为煤矿筛选出合适的中板材料，并在界面中依次列出。

2) 中板材料及选择方法介绍模块

该模块主要由产品库、中板分析、选择方法三大功能组成。在初始页面左上侧位置的产品库中列有当前矿场中常用的各种主流板材的流动图片，如 Q345、NM360、NM400、NM450、NM500 和 HD400 等，想要了解某种板材的详细性能，可通过单击该板材进入产品库界面，该页面中对于该材料的性能进行了细致的介绍及分析，如图 6.4 所示。

中板分析界面对于应依据什么原则和如何选择中板材料仔细地进行了分析，并且比较了几种材料的性能，如图 6.5 所示。

选择方法界面主要对模糊层次分析法即本书用于选择中部槽中板材料的方法进行了详细介绍，如图 6.6 所示。

图 6.3 中板选型界面

图 6.4 产品库界面

图 6.5　中板分析界面

图 6.6　选择方法界面

3) 文献查询模块

用户单击标题栏中的"学术论文"标签便可进入该页面筛选并查阅刮板输送机中板材料选择方面的相关论文，如图 6.7 所示。

图 6.7　学术论文界面

4) 帮助模块

该模块可以帮助用户熟悉如何使用中板选型和学术论文功能，如图 6.8 和图 6.9 所示。

2. 中板选择模块测试

各中小型煤矿由于受自身的硬件、软件及经济状况等条件限制，如何便捷高效地选取合适的中部槽中板材料具有一定的难度，中板材料选择平台就是基于解决此问题的目的而设计的，必须具备较高的实用价值。现进行中板选型功能的能力测验。

假设某煤矿的煤种经测定为无烟煤，煤中含水率为 3%，含矸率为 15%。煤质较硬，为减少经常更换中板带来的各种问题，现需要一种材质较硬且耐磨的中板，利用此平台为该矿场选择适当板材的中部槽中板。在中板选型界面选定此煤矿的煤散料情况，选定含水率为 0~5%，含矸率为 10%~20%，煤的种类为无烟煤，如图 6.10 所示。图 6.11 为平台的筛选结果，最终选定中板材质为 NM450。

图 6.8　中板选型操作说明界面

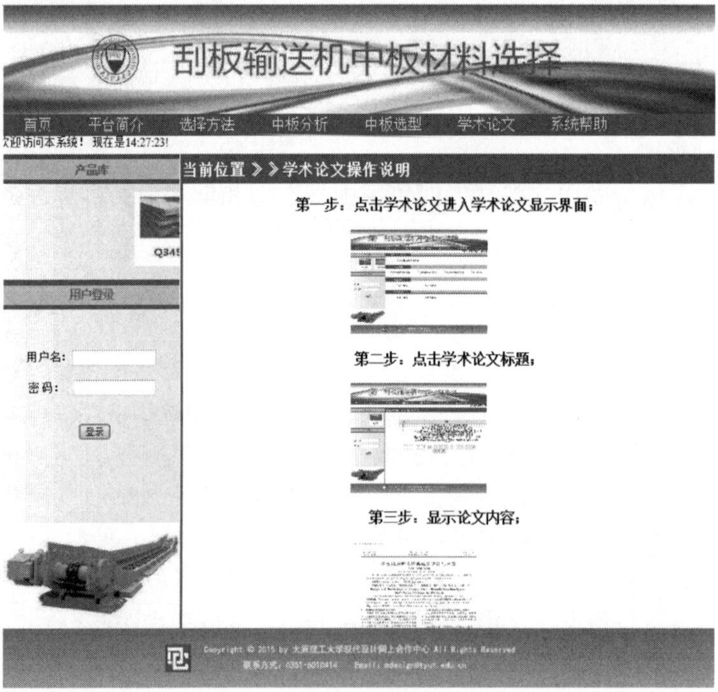

图 6.9　学术论文操作说明界面

图 6.10 中板选型参数选择

图 6.11 筛选结果

借助 ASP.NET 平台中小型煤矿可以科学合理地筛选出恰当的中部槽中板材料，尽可能用最短的时间完成板材选取工作，极大地提升了板材选取的效率。利用网络平台在线选择刮板输送机中部槽中板材料，其结果对各类煤矿挑选与其自身最匹配的中板材料具有极大的参考价值。

6.4　本章小结

本章首先系统地阐述了应该遵循什么原则创建中部槽中板材料的评价指标体系模型以保证结果的精确度；其次分别对几种常用的评价方法进行了分析，通过比较各自的优越性和局限性，发现模糊层次分析法的综合评价效果更好，故决定利用该方法从理论角度对中板材料进行选取；然后针对磨损量较小、适中、较大三种工况，应用模糊层次分析法对六种常用材质的中板进行了计算分析，最终得到了对应工况下的最佳中板选择；最后为实现不同煤矿环境下合适中板材料的快速选择，基于 ASP.NET 技术设计了中板材料选择平台，实现了网络在线筛选中板材料，对各类煤矿挑选与其自身最匹配的中板材料具有很大的参考意义。

参 考 文 献

[1] 张海涛, 何亚伯, 朱惠明. 一种改进的百分制评标法. 建筑技术开发, 2006, (9): 110-111.
[2] 曾庆良, 赵永华, 刘志海, 等. 基于层次分析法的综放设备配套方案综合评价. 煤炭科学技术, 2009, 37(8): 84-86,90.
[3] 宋高峰, 潘卫东, 杨敬虎, 等. 基于模糊层次分析法的厚煤层采煤方法选择研究. 采矿与安全工程学报, 2015, 32(1): 35-41.
[4] 徐泽水. 模糊互补判断矩阵排序的一种算法. 系统工程学报, 2001, 16(4): 311-314.
[5] 张吉军. 模糊互补判断矩阵排序的一种新方法. 运筹与管理, 2005, (2): 59-63.
[6] 李磊, 汪永超, 唐雨, 等. 基于模糊层次分析法的机械材料选择. 组合机床与自动化加工技术, 2015, (11): 8-12.
[7] 郭颂, 明廷堂, 郭立新, 等. ASP.NET 编程实战宝典. 北京: 清华大学出版社, 2014.

第7章 仿生耐磨策略

7.1 仿生模本体表几何特征分析

7.1.1 生物几何结构表面及仿生模本选择

生物表面的几何结构有上千种形态,不同生存环境下的生物会有不同的表面几何结构。刮板输送机运煤过程中存在严重的冲击磨料磨损,采用具有抗磨损功能的生物体作为仿生模本较适合本书。耐磨生物结构大致有凸包形(蜣螂)、凹坑形(蜣螂)、条纹形(扇贝壳、穿山甲鳞片表面)及鳞片形(穿山甲)等。不同的生物结构抵抗自身生存环境磨损的原理如表 7.1 所示[1]。本章选取凹坑形蜣螂为仿生模本。

表 7.1 生物结构抵抗自身生存环境磨损的原理[1]

	生物表面	生物形态	耐磨机理
磨料磨损	蜣螂头部	圆形突体	减小土壤阻力
	土鳖虫背	凹坑	防止压力传播
	穿山甲鳞片	波纹形肋骨	产生导向和滚动效果
	鲨鱼背鳞	平行四边形形态(或菱形)	提供摩擦各向异性
侵蚀磨损	鲨鱼背部的鳞片	脊	颗粒流分解
	鲨鱼背部的鳞片	峰值	减少接触摩擦
	沙漠蝎背	凹槽	降低斜击压力

7.1.2 凹坑形生物非光滑几何结构表面

1. 蜣螂背板非光滑单元特征提取

1) 聚焦形貌恢复技术

聚焦形貌恢复技术的主要原理为:基于相机焦距、像距、物距之间的联系,让相机在垂直被测表面的方向上同距离移动,获取被测表面的所有序列图像,从而实现从二维序列图像到三维重构的目的。

光学成像原理如图 7.1 所示。物距 u、焦距 f 及像距 v 的关系为

$$\frac{1}{u} + \frac{1}{v} = \frac{1}{f} \tag{7.1}$$

当聚焦平面与图像传感器重合时，可以形成一个清晰的点 P_f；当两者不重合时，则形成一个半径为 R 的弥散点。根据这一原理，聚焦形貌恢复流程如图 7.2 所示。

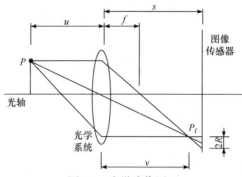

图 7.1   光学成像原理

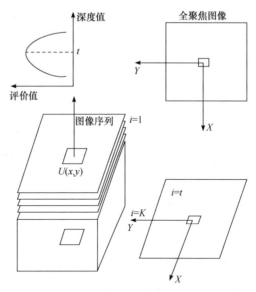

图 7.2   聚焦形貌恢复流程

(1) 打开金相显微镜，调整光源，将相机调整到被测物上方稍高的位置，等距离移动相机，保证 K 帧序列图像覆盖整个实体表面。

(2) 去除被测物体图像的非相关区域，对采集后的图像进行滤波处理。

(3) 计算每个像素点 (x,y) 的聚焦评价值 $U(x,y)$，得到聚焦评价曲线上最大值点

对应的图像序号 $f^*(x,y)=U_{max}(x,y)$，进而得到序列图像对应的深度矩阵 $D(x,y,k^*)$，最后对深度图进行连续化处理。

(4) 对轮廓外的范围进行清空处理，得到三维形貌图。

2) 深度测量方法

当某点最清楚时，还需要知道该点的深度，图 7.3 为蜣螂凹坑深度测量原理图。

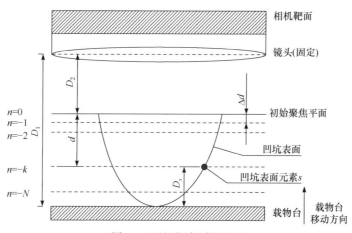

图 7.3 凹坑深度测量原理

具体测量过程为：将蜣螂放置在金相显微镜下，调节相机的焦距，使初始聚焦平面位置略高于凹坑的最高点；采集凹坑的序列图像，旋转载物台的上下调节旋钮，载物台每下降固定距离 Δd 时，拍摄并保存凹坑的表面图像，每次拍摄的图像序列必须是固定的。重复以上步骤，直到聚焦平面的位置略低于凹坑最低部，从而获得凹坑的所有序列图像。D_1 为镜头到载物台距离，D_2 为镜头到初始聚焦平面距离。当 $n=-k$ 时，凹坑表面元素 s 在聚焦平面成像最清晰，得到其测量深度为 $D_s = D_1 - D_2 - d \, (d = k\Delta d)$。

2. 非光滑单元形貌恢复及分析

1) MATLAB 图像处理

在实际测量的过程中，设备的振动、噪声和光源强度都会导致图像的质量下降。为了获得高质量的图像，需要对图像进行裁剪缩放、滤波除噪和图像分割。通过 MATLAB 软件的图像处理程序对所得的序列图像进行处理。

2) 非光滑结构及分析

将蜣螂标本放于金相显微镜下观察，标本及设备如图 7.4(a)所示，图 7.4(b)为蜣螂在显微镜下放大 50 倍的表面非光滑结构单元。由图可看出，其分布呈现非均匀特征，凹坑口呈圆形或椭圆形。为进一步了解非光滑单元的特征，选取部分深坑单元作为研究对象，利用上述聚焦形貌恢复技术对其形貌进行复原。图 7.4(c)、(d)分别为典型凹坑经过 MATLAB 图像处理后得到的三维形貌云图及凹坑截面拟合曲线。结果表明，凹坑截面为锥角形，凹坑口基本呈圆弧形，凹坑为锥角式圆形口结构。图 7.4(d)中的横坐标 2500 像素对应 0.25mm，可以看出，凹坑单元直径与深度之比(深径比)接近于 1。

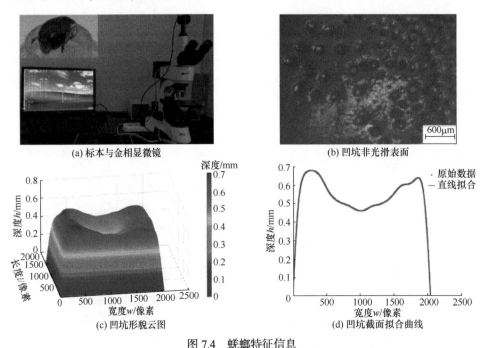

(a) 标本与金相显微镜　　　　　　　　　(b) 凹坑非光滑表面

(c) 凹坑形貌云图　　　　　　　　　(d) 凹坑截面拟合曲线

图 7.4　蜣螂特征信息

7.2　仿生凹坑形非光滑表面耐磨优化设计

7.2.1　试验条件及方法

　　刮板输送机在井下作业的工况环境十分复杂,多种工况(散料粒度、刮板加载、刮板链速、含水率、含矸率及煤种等)的共同作用对刮板输送机的磨损有着严重的影响[2]。为了方便清理试样和减少试验的随机误差,选用不含水和矸石的煤散料进行试验。试验设备选用 5.2.2 节提到的 ML-100C 型磨粒磨损试验机。试验环境及设备所允许各参数的范围如下：散料粒度 1~10mm,载荷小于 35N,刮板链速(料槽转速)0.4~0.9m/s。试验条件如表 7.2 所示。

表 7.2　试验条件

试验参数	选定值
煤散料粒度/mm	6.8
法向载荷/N	20
刮板链速/(m/s)	0.65
试验时长/s	6600

中板磨损量为试验前后的质量差，通过万分之一天平测得。为了使中板磨损前的表面粗糙度一致，均采用 600 目砂纸进行打磨。试验结束后，中板均用无水酒精擦拭并利用高压气枪对凹坑单元中的煤粉进行清洗。

7.2.2　试验设计及制备

1. 仿生板设计

凹坑单元截面呈圆弧锥角式，在中板上加工圆弧凹坑单元较难。考虑到加工凹坑的刀具特征，将锥形凹坑简化为底部锥角为 120° 的圆柱形凹坑。蜣螂的凹坑单元呈现非均匀分布，由于磨粒磨损试验机试样为 6 个扇形拼接而成，将其按扇形均匀排布。深径比是凹坑的一个典型特征，将其作为影响磨损的一个特征因素。根据熙鹏等[3]的凹坑表面磨辊的研究和刘毓等[4]的凹坑表面磨粒磨损仿真研究，另选取凹坑直径、对磨件运动方向(节距角)及径向凹坑的间距作为影响磨损量的因素。深径比、直径、节距角及径向距离分别用 ρ、D、A 和 L 表示。图 7.5 为仿生板设计简图。

深径比($\rho = h/d$)：蜣螂凹坑单元的纵截面呈现正方形，即深径比接近于 1，以 1 为中心设置六个水平：0.3、0.6、0.9、1.2、1.5、1.8。

直径(D)：依据试样尺寸确定直径的范围。板的厚度为 3.7mm，为了使凹坑为盲孔，直径应满足 $D \leqslant 2.06$mm。均匀选取六个水平：0.4mm、0.7mm、1.0mm、1.3mm、1.6mm、1.9mm。

节距角(A)：中板的跨度为 60°，为了减小试验误差，中板两侧各 2° 的位置不排布凹坑，因此实际凹坑排布区域的最大跨度为 56°。在上试样运动方向排列 5 排凹坑时，最大节距角为 14°。均匀选取六个水平：2.5°、4.5°、6.5°、8.5°、10.5°、12.5°。

径向距离(L)：上试样磨件的宽度为 20mm，所以上试样与下试样的实际作用宽度约为 20mm，即摩擦接触区的宽度约为 20mm。为保证径向最少存在两个凹坑，均匀选取六个水平：3mm、4.5mm、6mm、7.5mm、9mm、10.5mm。

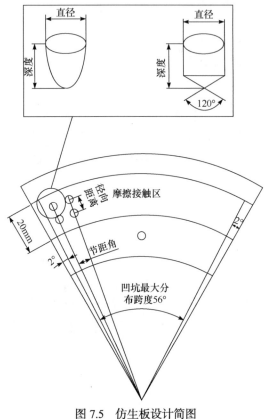

图 7.5　仿生板设计简图

2. 仿生板制备

中板试样通过 J10-1 型手钻及台钻支架组合构成的简易三轴铣床制得，所有凹坑单元排布及位置通过 CAD 标记。单个孔的深度通过 ST5-1B 指针深度计控制，所有凹坑的深度误差控制在 0.03mm 内。

7.2.3　优化试验设计

1. 单因素优化试验设计

试验以中板磨损前后的质量差为目标值，分别研究深径比、直径、径向距离和节距角四个因素对仿生板磨损量的影响规律，根据单因素优化结果得到合理的优化域。表 7.3 为单因素优化设计水平。

表 7.3　单因素优化设计水平

因素	水平
深径比 ρ	0.3、0.6、0.9、1.2、1.5、1.8
直径 D/mm	0.4、0.7、1.0、1.3、1.6、1.9
节距角 A/(°)	2.5、4.5、6.5、8.5、10.5、12.5
径向距离 L/mm	3、4.5、6、7.5、9、10.5

2. 响应面法优化设计试验

单因素优化的结果存在偏差,响应面法能够进一步提高优化的精度。根据 Box-Behnken 的设计原理,各试验因素取高(1)、中(0)、低(−1)三个水平。采用 3 个零点点估计误差,各因素不同水平的取值如表 7.4 所示。

表 7.4　响应面法优化设计水平

因素	水平		
	−1	0	1
深径比 ρ	1.1	1.3	1.5
直径 D/mm	0.5	0.7	0.9
节距角 A/(°)	5	6.5	8
径向距离 L/mm	3.75	4.5	5.25

7.2.4　试验结果及分析

1. 单因素试验结果及分析

单因素试验分析了凹坑的深径比、直径、节距角和径向距离对仿生板磨损量的影响规律。由图 7.6(a)可以看出,仿生板磨损量随着凹坑深径比的增大而逐渐下降,在 1.3 之后这种趋势趋于平缓。因此取 1.3 作为响应面法优化试验的 0 值。由图 7.6(b)可以看出,直径为 0.7mm 和 1.6mm 时的磨损量相对较低,但当直径为 1.6mm 时,试样对煤散料的破碎率较大,且试验前期由于凹坑并没有被煤粉填充,直径为 1.6mm 的凹坑与上试样的冲击较剧烈。综合考虑,响应面法优化试验的 0 值取 0.7mm。由图 7.6(c)、(d)可以看出,在指定范围内,磨损量随节距角及径向距离的增加先下降后上升,在节距角为 6.5°、径向距离为 4.5mm 时磨损量最小,因此节距角及径向距离的响应面法优化试验的 0 值分别取 6.5°与 4.5mm。同一水平的两次试验值差的绝对值表示数据波动的幅度,幅度越小,精度越高,深径比、直径、节距角及径向距离试验值的最大差值分别为 0.0020g、0.0018g、0.0024g、0.0022g，最小差值分别为 0.0010g、0.0008g、0.0012g、0.0008g。

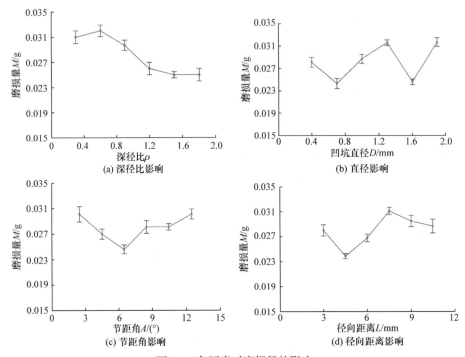

图 7.6　各因素对磨损量的影响

2. 响应面法试验结果及分析

1) Box-Behnken 设计试验及回归模型

Box-Behnken 设计试验结果如表 7.5 所示，基于此结果，利用 Design Expert 软件建立中板磨损量与四个因素的二阶回归模型，其二次多项式方程为

$$M = 0.32877 - 0.10542\rho - 0.171D - 0.010218A - 0.058294L + 0.0175\rho D$$
$$- 0.00166667\rho A + 0.00433333\rho L + 0.00575DA + 0.012167DL$$
$$+ 0.000755556AL + 0.029583\rho^2 + 0.037708D^2$$
$$+ 0.000364815A^2 + 0.00412593L^2 \tag{7.2}$$

回归模型的方差分析结果如表 7.6 所示。可以看出，模型的 P 值小于 0.01，显著；失拟项的 P 值大于 0.05，不显著。由表 7.6 可以看出，节距角因素对磨损量无显著影响，直径因素对磨损量存在显著影响，深径比和径向距离因素对磨损量的影响极为显著，各因素的影响显著性顺序为 $L>\rho>D>A$。本试验的变异系数为 2.86%，小于 3%，表明该模型具有较高的准确度。决定系数 R^2 等于 0.9473，

接近于 1，说明拟合方程具有很高的可靠度。精确度等于 14.271，说明该模型的
精确度较高。综上所述，该回归模型可以用来描述和预测优化仿生板的磨损状况。

表 7.5　Box-Behnken 设计试验结果

试验号	深径比 ρ	直径 D/mm	节距角 A/(°)	径向距离 L/mm	磨损量 M/g
1	0	−1.00(0.5)	0	1.00	0.0264
2	1.00	0(0.7)	0	−1.00(3.75)	0.0284
3	0	0	−1.00(5)	−1.00	0.0300
4	−1.00(1.1)	0	−1.00	0(4.5)	0.0279
5	0(1.3)	−1.00	−1.00	0	0.0300
6	0	0	0(6.5)	0	0.0250
7	0	−1.00	0	−1.00	0.0324
8	−1.00	0	0	−1.00	0.0326
9	−1.00	1.00(0.9)	0	0	0.0276
10	1.00(1.5)	1.00	0	0	0.0263
11	0	1.00	1.00(8)	0	0.0276
12	0	1.00	0	−1.00	0.0265
13	−1.00	−1.00	0	0	0.0291
14	−1.00	0	1.00	0	0.0285
15	−1.00	0	0	1.00(5.25)	0.0268
16	0	0	−1.00	1.00	0.0257
17	0	1.00	−1.00	0	0.0249
18	0	0	0	0	0.0245
19	0	0	1.00	1.00	0.0266
20	1.00	−1.00	0	0	0.0250
21	0	−1.00	1.00	0	0.0258
22	0	0	1.00	−1.00	0.0275
23	0	1.00	0	1.00	0.0278
24	1.00	0	1.00	0	0.0240
25	0	0	0	0	0.0239
26	1.00	0	0	1.00	0.0252
27	1.00	0	−1.00	0	0.0254

表 7.6　Box-Behnken 设计试验二次多项式模型方差分析

方差来源	平方和	自由度	均方	F 值	P 值
模型	$1.292×10^{-4}$	14	$9.232×10^{-6}$	15.41	<0.0001
A-ρ	$2.760×10^{-5}$	1	$2.760×10^{-5}$	46.07	<0.0001

续表

方差来源	平方和	自由度	均方	F 值	P 值
B-D	$5.333×10^{-6}$	1	$5.333×10^{-6}$	8.90	0.0114
C-A	$1.268×10^{-6}$	1	$1.268×10^{-6}$	2.12	0.1714
D-L	$2.977×10^{-5}$	1	$2.977×10^{-5}$	49.69	<0.0001
AB	$1.960×10^{-6}$	1	$1.960×10^{-6}$	3.27	0.0956
AC	$1.000×10^{-6}$	1	$1.000×10^{-6}$	1.67	0.2207
AD	$1.690×10^{-6}$	1	$1.690×10^{-6}$	2.82	0.1189
BC	$1.190×10^{-5}$	1	$1.190×10^{-5}$	19.87	0.0008
BD	$1.332×10^{-5}$	1	$1.332×10^{-5}$	22.24	0.0005
CD	$2.890×10^{-6}$	1	$2.890×10^{-6}$	4.82	0.0485
A^2	$7.468×10^{-6}$	1	$7.468×10^{-6}$	12.47	0.0041
B^2	$1.213×10^{-5}$	1	$1.213×10^{-5}$	20.25	0.0007
C^2	$3.593×10^{-6}$	1	$3.593×10^{-6}$	6.00	0.0306
D^2	$2.873×10^{-5}$	1	$2.873×10^{-5}$	47.95	<0.0001
残差	$7.189×10^{-6}$	12	$5.991×10^{-7}$	—	—
失拟项	$6.469×10^{-6}$	10	$6.469×10^{-7}$	1.80	0.4100
纯误差	$7.200×10^{-7}$	2	$3.600×10^{-7}$	—	—
总和	$1.364×10^{-4}$	26	—	—	—

$R^2=0.9473$, CV=2.86%, 精确度=14.271

2) 交互效应分析

　　该试验的因素交互作用如图 7.7 所示。从图中可以看出，交互项响应曲面均为反向抛物线且都存在极小值。由图 7.7(b)可以看出，径向距离和直径的交互项对中板的磨损量具有极显著的影响；当径向距离和直径大于零值时，随着两参数的增加，中板磨损量有增加的趋势；当两者小于零值时，随着两参数的减小，中板磨损量同样有增加的趋势，但是后者磨损量增加的趋势要比前者磨损量增加的趋势更快。节距角与直径的交互项、径向距离与节距角的交互项对中板磨损量的影响也具有类似的规律。节距角和径向距离的变化反映的是凹坑间的切向和径向间距。间距过大，中板表面的应力集中越明显，从而导致磨损加剧；间距过小，对磨件之间的冲击加剧，磨损量同样增加，因此出现了反抛物线的情况。

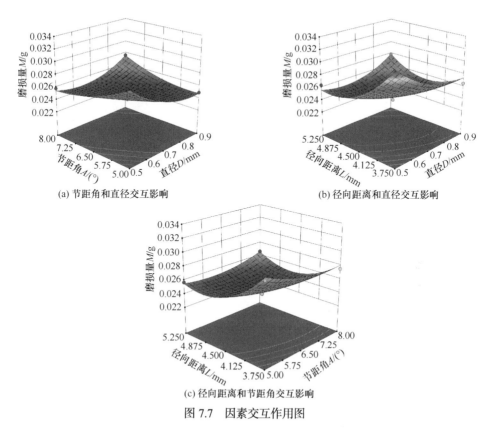

(a) 节距角和直径交互影响　　　　(b) 径向距离和直径交互影响

(c) 径向距离和节距角交互影响

图 7.7　因素交互作用图

7.2.5　最优结构仿生板验证及对比试验

1. 最优结构仿生板试验验证

经过响应面试验优化，深径比、直径、节距角和径向距离的最优结构参数组合分别为 1.41、0.69mm、6.55°和 4.66mm。

为了验证模型的准确性，采用表 7.2 所示的工况参数，对仿生板进行三次重复试验。考虑到实际加工条件，直径参数由 0.69mm 调整为 0.7mm，其他参数保持不变。试验值与理论值对比如表 7.7 所示。通过计算得到相对误差为 3.2%，误差可以忽略不计，说明该模型具有较高的可靠性。

表 7.7　试验值与理论值对比

中板类型	理论值/g	试验结果		
		试验值/g		均值/g
优化仿生板	0.0239	0.0243	0.0253　0.0246	0.0247
光滑板	—	0.0282	0.0279　0.0288	0.0283

2. 最优结构仿生板与光滑板试验对比

为了对比优化后的仿生板与光滑板的磨损程度，针对光滑板进行三次重复试验。试验结果如表 7.7 所示。由表可知，仿生板磨损量比光滑板减少了 12.7%。

7.3　仿生耐磨机理研究

7.3.1　最优结构仿生板与光滑板表面磨损形貌分析

凹坑中板试验前后的效果如图 7.8 所示。

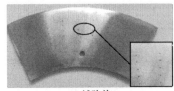
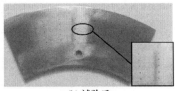

(a) 试验前　　　　　　　　　　　　　　(b) 试验后

图 7.8　凹坑中板试验前后的效果

图 7.9 为试验后仿生板未处理的凹坑形貌。由图可知，煤散料经破碎后致密地填充于凹坑中，而且填充后的凹坑呈现两种形态：①煤颗粒或煤粉在凹坑中形成深度较浅的底部呈圆弧状的新凹坑形态，储存在凹坑中的煤颗粒的滚动改变了上下试样的相对运动；②煤颗粒或煤粉完全填满凹坑，凹坑内煤粉的硬度低于外围金属的硬度，从而可以缓冲掉一部分磨料冲击。凹坑的变形可以改善中板的应力状况，同时致密的煤粉可以避免凹坑边缘的过度变形和剥落。

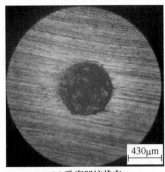
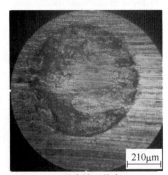

(a) 致密凹坑状态　　　　　　　　　　　(b) 致密填平状态

图 7.9　磨损试验后仿生板凹坑形貌

图 7.10 为光滑板和优化仿生板微观磨损形貌图，图中的箭头表示中板的运动方向。从图 7.10(a)可以看出，光滑板表面的犁沟较为明显且深度和宽度各异，即

中板表面产生了严重的磨粒磨损。这是因为当夹在上试样和中板之间的细小煤颗粒与中板形成一定的角度时，煤颗粒的尖锐棱角会切割中板的表面形成犁沟。另外，光滑板的表面存在细长或水滴状的金属黏着块。主要原因如下：当细小的煤颗粒对金属基体进行微切割时，部分金属基体会被推到煤颗粒的两侧，大量煤颗粒的挤压和循环往复运动导致中板表面材料脱落，从而形成磨屑。在高压、高速和高温下，金属磨屑在中板的表面形成附着点并发生位移。

从图 7.10(d)、(c)可以看出，在进入和退出凹坑的位置可以看到不同深度和宽度的犁沟。与光滑板相比，该犁沟分布均匀，宽度较小，磨粒磨损的程度较轻。在退出凹坑的位置可以发现较多的冲击坑。这是因为当连续切削中板表面的煤颗粒遇到凹坑时，凹坑破坏了其连续切削的状态。综上所述，中断连续切削状态有利于材料提高耐磨性。

图 7.10(b)为仿生板径向凹坑之间的磨损形貌图，由图 7.10(b)、(c)、(d)可以看出，仿生板表面的黏着块明显少于光滑板。依据剥层磨损理论[5]，当较硬的接触峰点与软表面上各点经受多次循环载荷时，金属软表面表层发生剪切塑性变形，经不断累积会在表层或亚表层形成位错和应力集中。凹坑的分布极大地改善了中板表面的应力分布，进而提高金属表面接触峰点的应力状态。这样不仅可以减少疲劳磨损和黏着现象，而且可以减少磨屑的剥落。此外，径向凹坑之间的犁沟比光滑板更均匀且宽度更小，说明磨粒磨损程度更弱。

(a) 光滑板磨损形貌　　　　　　　(b) 仿生板径向凹坑间磨损形貌

(c) 退出凹坑位置磨损形貌　　　　　　(d) 进入凹坑位置磨损形貌

图 7.10　光滑板与优化仿生板微观磨损形貌

7.3.2　最优结构仿生板与光滑板磨粒磨损仿真分析

仿真时长总共 1.32s(颗粒生成时间为 0.5s，料槽旋转时间为 0.82s)。凹坑形仿生板与光滑板采用如图 7.11 所示的方式间隔排布，仿生板与光滑板分别布置两块。仿生板、上试样与煤颗粒三体磨损的时间段分别为 0.58～0.76s、0.94～1.12s；光滑板磨损时间段为 0.76～0.94s、1.12～1.3s。因此，只需要分析 0.58～1.3s 的仿真数据。煤散料粒度为 6～8mm，上试样载荷为 20N，料槽旋转速度为 5.91r/s(即旋转线速度为 0.65m/s)。

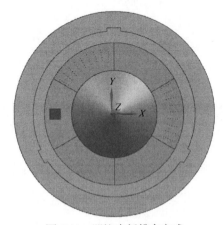

图 7.11　凹坑中板排布方式

在刮板长距离输送煤散料的过程中，驱动装置扭矩的突变或断链现象往往是由刮板附近煤散料的卡滞引起的。中板表面的颗粒压力值对中板的磨损程度起着关键作用。因此，有必要研究上试样(刮板)的阻力及中板表面的颗粒压力。图 7.12 给出了上试样所受的合力值与阻力值，图 7.13 给出了煤颗粒对中板表面的法向压力。

从图 7.12 可以看出，上试样所受的阻力表现为大幅度的持续波动，其所受的合力也存在一致的变化规律。光滑板和仿生板试验中的上试样所受阻力的最大值分别为 1243.5N 和 602.7N，仿生板试验中的上试样所受阻力的最大值小于光滑板。从图 7.13 可以看出，颗粒对中板表面的法向压力波动幅度较大。光滑板表面所受的最大法向压力为 1310.6N，仿生板表面所受的最大法向压力为 1072.5N，小于光滑板表面所受的最大法向压力。这是因为具有楔形结构的上试样与中板表面存在固定的夹角，很容易与煤散料形成卡滞状态。随着料槽的旋转，上试样和中板对煤颗粒的挤压力越来越大，煤颗粒对中板表面的持续切削也越来越严重。具有凹坑结构的仿生板更容易破坏煤颗粒的持续切削状态，故仿生板表面所受的法向压力最大值小于光滑板。另外，仿生板表面所受压力的变化频率相对较高，表明仿生板表面的颗粒姿态改变更加频繁。

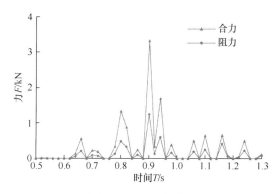

图 7.12　上试样受力

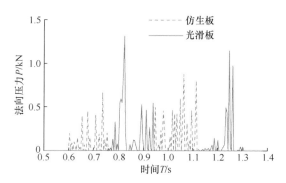

图 7.13　煤颗粒对中板表面的法向压力

　　图 7.14 为中板的离散元磨损云图，线条表示磨痕(犁沟)，细点表示凹坑位置。可以看出，光滑板表面存在连续且较长的磨痕，仿生板表面的磨痕大多较短且不连续。这是因为磨痕在凹坑处断开。

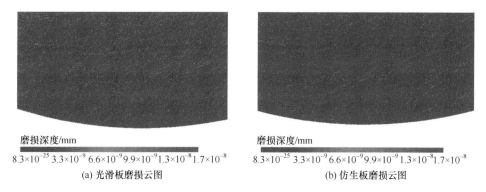

图 7.14　中板离散元磨损云图

7.4　本章小结

　　本章依据仿生技术，以凹坑形蜣螂作为仿生模本，利用聚焦形貌恢复技术和 MATLAB 软件进行了蜣螂背板非光滑单元特征提取及形貌恢复处理。经单因素和响应面优化试验，确定和验证了凹坑形中板磨损量最小时的结构参数为：深径比 1.41、直径 0.69mm、节距角 6.55°、径向距离 4.66mm；其耐磨性比光滑板提升了 12.7%。然后通过比较和分析仿生板与光滑板的磨损形貌和力学效应，揭示了仿生板的耐磨机理：不同于光滑板表面的磨粒磨损及黏着磨损情况严重，凹坑形中板表面存在较多的犁沟以及程度不一的磨粒磨损，凹坑分布使得煤颗粒的姿态更容易发生变化；仿生板试验中上试样(刮板)所受阻力及中板所受压力的最大值比光滑板试验更小。

参 考 文 献

[1] Wu J Q, Wang G Q, Bi Q S, et al. Digging force and power consumption during robotic excavation of cable shovel: Experimental study and DEM simulation. International Journal of Mining, Reclamation and Environment, 2021, 35(1): 12-33.

[2] 蔡柳, 王学文, 李博, 等. 刮板输送机中部槽运输效率及其运输过程中的应力和变形分析. 机械设计与制造, 2016, (12): 172-176.

[3] 熙鹏, 丛茜, 滕凤明, 等. 提高耐磨与破碎性的仿生凹坑形磨辊设计与试验. 农业工程学报, 2018, 34(8): 55-61.

[4] 刘毓, 王学文, 李博, 等. 中部槽-刮板的仿生优化及摩擦磨损性能分析. 矿业研究与开发, 2017, 37(4): 24-27.

[5] 温诗铸, 黄平. 摩擦学原理. 4 版. 北京: 清华大学出版社, 2012.

编　后　记

　　"博士后文库"是汇集自然科学领域博士后研究人员优秀学术成果的系列丛书。"博士后文库"致力于打造专属于博士后学术创新的旗舰品牌，营造博士后百花齐放的学术氛围，提升博士后优秀成果的学术影响力和社会影响力。

　　"博士后文库"出版资助工作开展以来，得到了全国博士后管委会办公室、中国博士后科学基金会、中国科学院、科学出版社等有关单位领导的大力支持，众多热心博士后事业的专家学者给予积极的建议，工作人员做了大量艰苦细致的工作。在此，我们一并表示感谢！

"博士后文库"编委会